幼儿园带量四季食谱

YOUERYUAN
DAILIANG SIJI SHIPU

北京市东城区崇文第三幼儿园
石宝萍　袁春芬　主编

编委会成员

编　　委：张　欣　张　淳　潘雅琼

食品制作：段晓南　黄长辉　王　硕　石宝英

　　　　　穆金樑　刘　硕　杨晓婷

照片拍摄：李冬阳摄影创意工作室

中国农业出版社

图书在版编目（CIP）数据

幼儿园带量四季食谱 / 石宝萍 , 袁春芬主编 . —北京 : 中国农业出版社 , 2014.6（2023.10 重印）
ISBN 978-7-109-19341-3

Ⅰ . ①幼… Ⅱ . ①石… ②袁… Ⅲ . ①幼儿−保健−食谱 Ⅳ . ① TS972.162

中国版本图书馆 CIP 数据核字 (2014) 第 140402 号

装帧设计　王竹臣

中国农业出版社出版
（北京市朝阳区麦子店街 18 号楼）
（邮政编码 100125）
责任编辑　孙利平　张　志

北京中科印刷有限公司印刷 新华书店北京发行所发行
2014 年 8 月第 1 版　2023 年 10 月北京第 9 次印刷

开本：889mm×1194mm　1/16　印张：10
字数：240 千字
定价：68.00 元
（凡本版图书出现印刷、装订错误，请向出版社发行部调换）

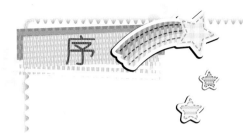

序

儿童是祖国的未来，他们的身体健康关系到中华民族的整体素质和国家的全面发展。儿童从小养成良好的饮食习惯，达到营养均衡，从食物中获得生长发育所需要的全部营养素是非常必要的，是儿童健康成长的基本保证，也是每位家长的愿望。

北京市东城区崇文第三幼儿园高度重视幼儿园膳食营养工作，实施营养膳食科学管理办法，定期对幼儿膳食进行营养分析，以确保幼儿营养均衡，促进其健康成长。经过五十多年的实践及经验的积累，逐渐形成了具有特色的 3～6 岁幼儿的"四季食谱"体系，以应季的新鲜蔬菜、水果、食物为食材，针对不同季节、气候变化和幼儿生长、发育的特殊需求，按照幼儿每日营养素的需求量及《中国居民膳食指南》的指导原则，利用合理的烹饪技巧，设计了色香味俱全、花样多变的主食、菜品、粥类、汤类等多种可口菜肴，不仅符合食物品种多样、健康饮食行为的原则，也符合《黄帝内经·素问》提出的"五谷为养，五果为助，五畜为益，五菜为充"的膳食配伍原则。

本书是北京市东城区崇文第三幼儿园的老师为孩子们付出的爱心，他们以科学合理的措施，通过"四季食谱"的实施为培养拥有健康体魄的儿童作出了突出的贡献！

中国营养学会
常务副理事长　　**翟凤英**

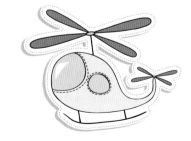

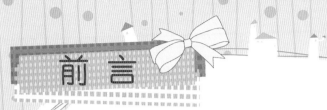

前 言

　　北京市东城区崇文第三幼儿园始建于1959年，现有小、中、大13个教学班，3～6岁幼儿420余名，教职工70余人，是北京市市级示范园、联合国可持续发展教育示范校、北京市陈鹤琴教育思想研究基地、北京市早教基地。

　　我园遵照《幼儿园教育指导纲要（试行）》中"幼儿园必须把保护幼儿的生命和促进幼儿健康放在工作的首位"的精神与要求，高度重视幼儿园膳食营养工作，实施营养膳食科学管理办法，定期对幼儿的膳食进行调查分析，以确保幼儿营养均衡、身体健康成长。经过55年的实践、积累，逐渐形成了具有本园特色的3～6岁幼儿"四季食谱"体系。应幼儿园一线后勤工作者及幼儿家长的需求，特别精心挑选、编排了这本《幼儿园带量四季食谱》，希望能对托幼园所营养配餐标准量更加科学准确有所帮助。需要说明的是，本书食谱中统一使用花生油，在实际应用中可定期更换其他品种的油，以保证幼儿营养均衡。本书具有三大特点：

　　1. 科学性——以四季中应季的新鲜蔬菜、水果和食品为食材，针对不同季节和幼儿生长发育、活动量的情况，以我园多年的工作实践经验汇集成册，体现了科学的营养配餐。

　　2. 特色化——带量食谱将幼儿每日营养素的需求量和实际操作结合起来，通过合理的烹饪技巧，设计了色彩诱人、花样多变的主食、菜品、粥类、汤类等200多道可口菜肴。

　　3. 可操作性——向读者展现完整的四季带量食谱，读者可参照食谱进行制作及根据实际情况进行调整。

　　幼儿正处于身体、大脑的发育期，充足、合理的营养对他们尤为重要。让每一个孩子拥有健康的体魄是每位家长的愿望，也是幼教工作者的愿望，更是全社会的愿望。我们愿意付出责任心和爱心，以更加科学合理的措施，让幼儿吃好、喝好、生活好，为培养拥有健康体魄的未来人才作出自己应有的贡献！

北京市东城区崇文第三幼儿园
《幼儿园带量四季食谱》编委会

目 录

概说 / 08

春季 / 11

星期一 / 12

早餐 / 12
蛋皮花卷 / 12
核桃仁炒菠菜 / 13
花生滑子菇粥 / 13

加餐 / 13
酸奶 / 13
枇杷 / 13
冰糖菊花水 / 13

午餐 / 14
二米饭 / 14
板栗扒菜心 / 14
樱桃丸子 / 15
神仙豆腐汤 / 15

午点 / 16
盘香条 / 16
苹果 / 16
牛奶 / 16
冰糖百合水 / 16

晚餐 / 17
茄丁蔬菜面 / 17
面汤 / 17

星期二 / 18

早餐 / 18
四味包 / 18
小葱炒鸡蛋 / 19
红薯粥 / 19

加餐 / 19
酸奶 / 19
哈密瓜 / 19
冰糖山楂水 / 19

午餐 / 20
二冬鸡翅 / 20
西芹荸荠 / 20
红豆米饭 / 21
海米冬瓜汤 / 21

午点 / 22
培根酥 / 22
梨 / 22

牛奶 / 22
冰糖莲藕水 / 22

晚餐 / 23
西米奶黄包 / 23
士干饼 / 23
皮箱豆腐 / 24
虾仁炒彩瓜 / 25
鲢鱼笋干汤 / 25

星期三 / 26

早餐 / 26
小糖三角 / 26
青豆炒胡萝卜 / 27
柳叶汤 / 27

加餐 / 27
奶酪 / 27
橘子 / 27
冰糖菜根水 / 27

午餐 / 28
咖喱鸡肉盖浇饭 / 28
糖醋莲藕小排骨 / 29
番茄炒蛋 / 29
象眼汤 / 29

午点 / 30
曲奇饼干 / 30
草莓 / 30
牛奶 / 30
冰糖绿豆水 / 30

晚餐 / 31
豆制品炒三丁 / 31
魔方糕 / 32
五彩里脊丝 / 32
香港紫荆花 / 33
时蔬鲜虾汤 / 33

星期四 / 34

早餐 / 34
素什锦 / 34
五香千层饼 / 35
胡萝卜粥 / 35

加餐 / 35
梨 / 35
酸奶 / 35
冰糖荸荠水 / 35

午餐 / 36
番茄鳕鱼排 / 36
花生米饭 / 36
鸡蛋炒小白菜 / 37
叉烧菠菜汤 / 37

午点 / 38
蒸南瓜 / 38
火龙果 / 38
冰糖银耳水 / 38
牛奶 / 38

晚餐 / 38
羊肉白菜包子 / 38
莲子枣粥 / 39

星期五 / 40

早餐 / 40
溜肝尖 / 40
麻酱荷叶夹 / 41
牛奶 / 41

加餐 / 41
橙子 / 41
冰糖甘蔗汁 / 41
琥珀桃仁 / 41

午餐 / 42
太阳肉 / 42
香菇陈皮鸡汤 / 43
香脆莲花白 / 43
葡萄干米饭 / 43

午点 / 44
蒸山药 / 44
苹果 / 44
冰糖胡萝卜水 / 44
酸奶 / 44

晚餐 / 44
香芹炒饭 / 44
冬瓜球氽丸子汤 / 45

春季一周带量食谱 / 46
一、平均每人每日进食量表 / 48
二、营养素摄入量表 / 48
三、热量来源分布表 / 48
四、蛋白质来源分布表 / 48
五、配餐能量结构表 / 48

夏季 / 49

星期一 / 50

早餐 / 50
鹅卵包 / 50
素烧黑白黄 / 51
绿豆粥 / 51

加餐 / 51
香蕉 / 51
酸奶 / 51
冰糖梨水 / 51

午餐 / 52
二丝木耳汤 / 52
山楂糕米饭 / 52
魔芋排骨 / 53
香素咕咾肉 / 53

午点 / 54
开口笑 / 54
西瓜 / 54
牛奶 / 54
冰糖山楂水 / 54

晚餐 / 55
地三鲜 / 55
鱼米之乡 / 55
佛手 / 56
玉米面窝头 / 57
碧菠粥 / 57

星期二 / 58

早餐 / 58
三丝粥 / 58
麻酱糖火烧 / 59
酱肘花 / 59

加餐 / 59
火龙果 / 59
酸奶 / 59
冰糖菜根水 / 59

午餐 / 60
蜜烤翅中 / 60
绿豆米饭 / 60
三珍腰花 / 61
番茄鸡蛋鱼丸汤 / 61

午点 / 62
棋格饼干 / 62

苹果 / 62
牛奶 / 62
冰糖菊花水 / 62
晚餐 / 63
小比萨饼 / 63
八宝粥 / 63

星期三 / 64
早餐 / 64
法风烧饼 / 64
芝麻盐水鸭肝 / 65
绿茶粥 / 65
加餐 / 65
奶酪 / 65
橘子 / 65
冰糖苹果水 / 65
午餐 / 66
凤眼丸子 / 66
碎金饭 / 66
素烧三鲜 / 67
火腿豌豆鲜贝汤 / 67
午点 / 67
奶香甜玉米 / 67
哈密瓜 / 67
冰糖绿豆水 / 67
牛奶 / 67
晚餐 / 68
吉利玉兔 / 68
核桃派 / 68
泥肠炒菜花 / 69
酱汁竹笋 / 69
枸杞银耳粥 / 69

星期四 / 70
早餐 / 70
雪里蕻焖豆芽 / 70
红糖油饼 / 71
豆腐脑 / 71
加餐 / 71
荔枝 / 71
酸奶 / 71
冰糖荸荠水 / 71
午餐 / 72
松子仁米饭 / 72

蔬菜肉卷 / 72
鸡蛋炒平菇 / 73
青虾萝卜丝汤 / 73
午点 / 73
豆沙酥盒 / 73
梨 / 73
冰糖胡萝卜水 / 73
牛奶 / 73
晚餐 / 74
三鲜烧麦 / 74
香菇花生莲子粥 / 75
粉丝圆白菜 / 75

星期五 / 76
早餐 / 76
彩珠蛋糕 / 76
蚝油生菜 / 77
牛奶 / 77
加餐 / 77
琥珀桃仁 / 77
橙子 / 77
冰糖莲藕水 / 77
午餐 / 78
葵花子米饭 / 78
油焖大虾 / 78
西芹百合 / 79
香菇鸭块汤 / 79
午点 / 80
螃蟹酥 / 80
桃 / 80
酸奶 / 80
冰糖绿豆水 / 80
晚餐 / 81
日式叉烧饭 / 81
豌豆鱼丸汤 / 81

夏季一周带量食谱 / 82
一、平均每人每日进食量表 / 84
二、营养素摄入量表 / 84
三、热量来源分布表 / 84
四、蛋白质来源分布表 / 84
五、配餐能量结构表 / 84

秋季 / 85
星期一 / 86
早餐 / 86
鸡蛋豆炒胡萝卜 / 86
小刺猬 / 87
燕麦枣羹 / 87
加餐 / 87
酸奶 / 87
香蕉 / 87
冰糖萝卜水 / 87
午餐 / 88
芸豆米饭 / 88
三丝鲜贝汤 / 88
糖醋山药鸡 / 89
蚝油平菇 / 89
午点 / 90
肉松球 / 90
苹果 / 90
牛奶 / 90
冰糖山楂水 / 90
晚餐 / 91
柴巴卷 / 91
虎皮蛋糕 / 91
麦当汤 / 92
蒜苗牛肉炒豆皮 / 93
红烩土豆 / 93

星期二 / 94
早餐 / 94
麻蓉糕 / 94
五香鹌鹑蛋 / 94
豆炒芥菜 / 95
小米南瓜粥 / 95
加餐 / 95
火龙果 / 95
酸奶 / 95
冰糖菊花水 / 95
午餐 / 96
八仙小炒 / 96
珍珠丸子 / 97
红枣米饭 / 97
蟹肉白萝卜汤 / 97
午点 / 98
咖喱酥饺 / 98
梨 / 98

牛奶 / 98
冰糖莲藕水 / 98
晚餐 / 99
老北京炸酱面 / 99
面汤 / 99

星期三 / 100
早餐 / 100
木须菜 / 100
芸豆粥 / 101
奶香热狗 / 101
加餐 / 101
橙子 / 101
奶酪 / 101
冰糖菜根水 / 101
午餐 / 102
太阳米饭 / 102
碧绿香菇鸡蛋汤 / 102
百花日本豆腐 / 103
金葱爆牛方 / 103
午点 / 104
蒸红薯 / 104
苹果 / 104
牛奶 / 104
冰糖甘蔗汁 / 104
晚餐 / 105
鸳鸯饺子 / 105
饺子汤 / 105

星期四 / 106
早餐 / 106
双色巧克力花卷 / 106
什锦虾皮丸子 / 107
红豆粥 / 107
加餐 / 107
白兰瓜 / 107
酸奶 / 107
冰糖百合水 / 107
午餐 / 108
五仁米饭 / 108
香菇紫菜鸡蛋汤 / 108
老家带鱼 / 109
素烧小萝卜 / 109
午点 / 110
面包圈 / 110
鲜枣 / 110

牛奶 / 110
冰糖荸荠水 / 110

晚餐 / 111
三洋黑包 / 111
菊花酥 / 111
素鸡烧面筋 / 112
蔬菜培根双脆 / 113
枝竹排骨汤 / 113

星期五 / 114
早餐 / 114
什锦果仁窝头 / 114
拌四丝 / 115
炸羊肉串 / 115
牛奶 / 115

加餐 / 115
苹果 / 115
琥珀桃仁 / 115
冰糖胡萝卜水 / 115

午餐 / 116
好吃多蘑 / 116
京酱肉丝 / 117
番茄蛋花汤 / 117
丝蛋圆白菜盖浇饭 / 117

午点 / 118
羊角酥 / 118
梨 / 118
酸奶 / 118
冰糖红豆水 / 118

晚餐 / 119
什锦炒饭 / 119
豆苗猪肝蛋花汤 / 119

秋季一周带量食谱 / 120
一、平均每人每日进食量表 / 122
二、营养素摄入量表 / 122
三、热量来源分布表 / 122
四、蛋白质来源分布表 / 122
五、配餐能量结构表 / 122

冬季 / 123
星期一 / 124
早餐 / 124
小猪糖包 / 124
煮鸡蛋 / 124
虾条炒小白菜 / 125
小枣薏米粥 / 125

加餐 / 125
香蕉 / 125
酸奶 / 125
冰糖菜根水 / 125

午餐 / 126
南瓜子米饭 / 126
松仁玉米 / 126
羊肉莲藕汤 / 127
毛氏红烧肉 / 127

午点 / 128
九层糕 / 128
梨 / 128
牛奶 / 128
冰糖山楂水 / 128

晚餐 / 129
牛肉蔬菜面 / 129
面汤 / 129

星期二 / 130
早餐 / 130
蛋黄甘露酥 / 130
炒三丁 / 131
香菇肉松粥 / 131

加餐 / 131
火龙果 / 131
酸奶 / 131
冰糖萝卜水 / 131

午餐 / 132
地鲜焖羊肉 / 132
菠萝米饭 / 132
虾仁油菜炒魔芋 / 133
什锦冬瓜汤 / 133

午点 / 134
山楂方 / 134
苹果 / 134

牛奶 / 134
冰糖梨水 / 134

晚餐 / 135
蛋黄南瓜眼 / 135
冰花蝴蝶酥 / 136
黄金小豆卷 / 136
四喜丸子 / 137
紫米粥 / 137

星期三 / 138
早餐 / 138
菜肉小馄饨 / 138
老婆饼 / 139
糖醋萝卜丁 / 139

加餐 / 139
橘子 / 139
奶酪 / 139
冰糖菊花水 / 139

午餐 / 140
粉蒸排骨 / 140
番茄豌豆汤 / 140
翡翠米饭 / 141
爆炒双花 / 141

午点 / 142
泡芙球 / 142
圣女果 / 142
牛奶 / 142
冰糖罗汉水 / 142

晚餐 / 143
番茄意大利通心粉 / 143
时蔬菌菇汤 / 143

星期四 / 144
早餐 / 144
橙汁蛋糕 / 144
果仁菠菜 / 145
红薯燕麦枣粥 / 145

加餐 / 145
桂圆 / 145
酸奶 / 145
冰糖荸荠水 / 145

午餐 / 146
番茄笋鸡片 / 146
香菇素什锦 / 147

豆苗鲜贝蛋花汤 / 147
香肠米饭 / 147

午点 / 148
眉毛酥 / 148
柚子 / 148
牛奶 / 148
冰糖胡萝卜水 / 148

晚餐 / 149
水果碗糕 / 149
玉米面酥饼 / 149
四彩鱼滑汤 / 150
里脊豆腐 / 151
洋葱炒二西 / 151

星期五 / 152
早餐 / 152
鸡蛋素菜卷 / 152
五香鸡肝 / 153
牛奶 / 153
菊花泥肠 / 153

加餐 / 153
橙子 / 153
冰糖红豆水 / 153
琥珀桃仁 / 153

午餐 / 154
麒麟鲟鱼 / 154
星星米饭 / 155
蒜瓣彩椒炒双丁 / 155
碧绿香菇竹笋汤 / 155

午点 / 156
艺境南瓜 / 156
冬枣 / 156
酸奶 / 156
冰糖苹果水 / 156

晚餐 / 156
西湖牛肉羹 / 156
意大利炒饭 / 157

冬季一周带量食谱 / 158
一、平均每人每日进食量表 / 160
二、营养素摄入量表 / 160
三、热量来源分布表 / 160
四、蛋白质来源分布表 / 160
五、配餐能量结构表 / 160

概 说

依据《幼儿园教育指导纲要（试行）》中"幼儿园必须把保护幼儿的生命和促进幼儿健康放在工作的首位"的精神与要求，我园高度重视幼儿园膳食营养工作，实施营养膳食科学管理办法，定期对幼儿的膳食进行调查分析，以确保幼儿营养均衡，身体健康。幼儿园营养配餐主要是平衡膳食，是为了满足幼儿机体正常的生理需要，科学搭配膳食，达到营养均衡的目的。我们积极探讨各年龄段幼儿身体发育的特点，成立了幼儿园的伙食委员会，每月对幼儿食谱、进食量进行科学的研讨与分析，翻新食谱的花样，把翻新的食谱不断地增加到四季食谱中，以达到平衡膳食的制订、烹调及科学合理的安排，不断丰富幼儿四季食谱，通过努力的摸索和总结，积累了一些经验。

 一、制订科学的、合理的、符合幼儿生长发育需求的营养食谱。

根据幼儿的生理、心理特点，我园在制订幼儿平衡膳食食谱时，注重花色品种多样化，抓住色、香、味、形等特色，进行了科学安排、合理搭配，能够做到一个月菜谱不重样，以达到或超过中国营养学会新推荐的幼儿每日膳食中营养素的供给标准。

（一）严格营养配比，确保幼儿获得科学的营养。

制订科学合理的幼儿食谱，首先是要讲究营养平衡，即每天的膳食中六种营养素的搭配要恰当，才能满足幼儿生长发育的需要。幼儿每天所需的六大营养素为蛋白质、脂肪、碳水化合物（糖）、水、微量元素和维生素。儿童处于生长发育阶段，营养素的需求量要高于成人。我们根据3～6岁幼儿每日各种营养素的需求量，进行食前的营养预算和食后的营养核算，再结合季节特点，制订出"三餐两点"的幼儿带量食谱，干稀、荤素、粗细、甜咸搭配合理，少吃油炸食品，不食用味精、鸡精等食品添加剂。这样制订的食谱既保证了幼儿每日膳食中有充足、平衡的营养，保持了我国膳食以植物性食物为主、动物性食物为辅、能量来源以粮食为主的基本特点，又能保证各种营养素的质量。

（二）膳食组成多样，保证营养物质全面、均衡。

任何一种或几种食物都不可能全面满足幼儿生长发育的需要，只有将不同的食物合理调配，组成人体所需的营养素，才能使幼儿获得全面、均衡的营养。为此，我们在食物的花色品种和营养搭配上格外下功夫。

1. 主副食合理搭配——米饭、面食是食物的主要来源。当我们发现有一段时间主食的摄入量上不去，就一起研究讨论如何将主食的制作方法进行改进：根据幼儿的特点，我们将午餐的米饭调整为一周不重样，增加了甜玉米米饭、五仁米饭、葡萄干米饭、紫米大米饭等，多样化的主食，激发了幼儿的进餐欲望；在面食的制作中，利用蒸、烤、煮等各种制作方法，不断翻新花样品种，在外形和味道上进行创新，研究制作出九层糕、山楂方、泡芙圈、眉毛酥等适合幼儿进食的主食，使幼儿在视觉和味觉上有新鲜感。经过翻新制作，幼儿的主食餐量有明显的增加。在一日三餐中提倡食物的多样化，不仅能提高食欲，还能够获取丰富的营养。我们根据幼儿的年龄特点，选择种类最齐全的食物，以达到营养互补的作用，比如："蒜苗牛肉干丝"这道菜，原料包括了蒜苗、牛肉馅、豆腐干等，做到了动物性食物、植物性食物相互搭配，以得到全面的营养。

2. 粗细粮合理搭配——为了使幼儿身体的锌含量达标，我们在制作主食时加入了小麦胚粉。另外，将芋头、玉米、南瓜、糯米、燕麦和大米合理搭配，不但有营养互补的作用，更重要的是粗粮所含纤维素较多，能刺激肠蠕动，减少慢性便秘，促进幼儿的生长和发育。

3. 干稀搭配——米饭与汤组合，粥与包子、馒头的组合，牛奶与餐点的组合，以提高幼儿营养的吸收率、增加水分而达到补充营养的作用。

4. 动物蛋白与植物蛋白搭配——动物类食品（如鱼、肉、虾、鸡、鸭、蛋等）与豆制品（如豆腐、香干、豆类等）食品搭配，重视植物蛋白的摄入，从而保证幼儿获得优质蛋白质，提高了蛋白质的互补作用。

5. 深色蔬菜与浅色蔬菜、水果搭配——深色蔬菜为绿叶菜（如油菜、菠菜等）和深颜色的菜（如胡萝卜、黄瓜等），它们所含的微量元素和维生素一般比浅色蔬菜和水果高。浅色菜包括根茎菜（如土豆、白萝卜等）和黄叶菜（如圆白菜、大白菜等）。水果中的芦柑和甜橙的维生素C含量高于蔬菜。它们之间合理搭配，餐后或餐前一小时供应适量的水果，可以保证和补充微量元素和维生素的摄入。

二、结合季节及幼儿生长发育规律，力求获取更有价值的营养素。

（一）春季天气回暖，万物生发，日照充足。幼儿的生长、发育也进入了一个活跃期，身体所需的钙量也比较多，我们需要安排含钙丰富的食物，如骨头汤、虾皮等。同时，春季也是传染病的高发期，让幼儿多进食蔬菜和水果，尤其是菠菜、油菜、山药等，多吃一些枣来强健脾胃，满足幼儿生长发育的需要。

（二）夏季暑热挟湿，是人体新陈代谢活跃的时期。幼儿活动量加大，能量相对消耗也多，需要及时补充各种营养，但由于天气热的原因又会使幼儿出现食欲不佳的状况，因此，我们就要注重菜肴的颜色、外形、味道来增强幼儿的食欲，以清淡为主，少油腻，多摄入消暑利湿的食物。如时令蔬菜、特别是瓜类，水产品、特别是鱼类，鸭肉、猪瘦肉，红豆、绿豆、鲜果汁、绿豆汤等，让幼儿健康地度过盛夏。

（三）秋季天气干燥，温差大，寒凉。幼儿易出现口腔、鼻腔、皮肤干燥和大便秘结等现象。因此，应让幼儿进食有营养而且性味平和的食物，如荸荠、梨、芋头、毛豆、山药、银耳、芝麻、莲藕、绿叶菜等，不宜多食生冷、寒凉食物，做好秋季的养生保健。

（四）冬季天气寒冷。幼儿的身体一方面需要储存热量抵抗寒冷，另一方面还需要营养素用以生长，因此，这个季节应选择能增强机体抵抗力及热量高的食物：如羊肉、牛肉、红薯、红枣、豆类、核桃、萝卜等，提供具有抗寒、防感冒效果的保健营养汤水，保证幼儿平稳地度过冬季。

掌握以上原则，就能为幼儿提供适合的四季营养食谱，充分利用应季食物，使幼儿得到最新鲜的食物，能吸收更多的维生素、矿物质，以维持幼儿身体健康、使大脑及机体器官组织充分发育，保证幼儿拥有健康的体魄及健康成长。

三、精心、合理烹调，坚持花样翻新，做到色香味美。

（一）合理安排菜肴的切配和口味。

在加工和烹调幼儿食物时，根据幼儿的年龄和生理特点，首先要注意与其消化机能相适应。在切配食物的环节上把好关，3岁左右的幼儿食物应当细、软、碎、烂，以小丝、小丁、小片、无骨、无刺的食品为宜；4～6岁的幼儿以稍大的块、丁、片，逐步过渡到接近成人的膳食，这样才能有利于各年龄段幼儿咀嚼能力的培养，又可以达到利于幼儿消化的目的。

食物的烹调还应做到味道可口，色香味俱佳。根据多年实践的积累，我们认为少盐、低糖、弱酸、无刺激、少油量的调味方式比较适合。不宜使用味精、色素、糖精等调味品。在制作幼儿膳食时，采用一些口味清淡的调味方法，如"鱼米之乡"要求菜肴清淡、细腻、鲜美。同时，还利用各种调味品烹调出适合幼儿口味的各式菜肴，如："番茄鳕鱼排"在烹调时用番茄酱调制出红色，与香甜的玉米粒、豌豆粒组成咸中带甜、甜酸适度的口味，既有丰富的色彩，又有幼儿喜爱的口味，成为幼儿喜欢的特色菜。

（二）烹调时，注意减少营养素的损失。

根据幼儿园的后勤管理制度，炊事员要严格掌握洗、切、配、烫、烹、调、炒等各道加工工序的正确操作方法，加强基本功的训练，进行炊事员的基本功比赛，减少因为操作不当造成营养素的流失和破坏。

（三）增加花色品种，激发幼儿的食欲。

色、香、味、形俱佳的食物可以激发幼儿的食欲，在烹调上应该经常变换花色品种，制作出幼儿喜爱的食品。如：把普通的面食制作各种小动物的形状，豆沙包做成小刺猬、小螃蟹、小猪等，把烤制类的面点做成好看的花朵，都能引起幼儿的关注和喜爱。形象、色泽搭配鲜明的食物也能够激发幼儿的好奇心和进食欲望。

（四）通过伙食翻新，不断改进制作的方法。

坚持每月进行伙食翻新，根据季节设定翻新主题和选择应季食材。炊事人员制作完成，由伙食委员会成员集体进行品尝、评议、打分，然后择优进入到幼儿食谱中，再进班观察幼儿的进餐情况，以不断改进完善，把最优秀的翻新成果纳入到四季食谱库中。

儿童健康成长有赖于科学合理的营养膳食。作为幼儿膳食管理人员，我们深感责任重大。通过对3～6岁儿童膳食管理的不断实践和探索，我们对儿童营养的重要性有了更明确的认识和理解，也对如何做好幼儿科学合理膳食管理有了更坚定的信心。只有遵循幼儿生理特点和各种营养素的需求，制订均衡合理的四季营养食谱，加强适合幼儿口味的营养烹调技能，丰富幼儿的膳食花色品种，引导幼儿养成良好的饮食习惯，才能真正使每一个幼儿全面合理地摄入足够的营养素，体格发育良好，健康茁壮成长。

春季

星期一早餐

蛋皮花卷

- **主料**：面粉 35 克，鸡蛋 7 克，小麦胚粉 3 克
- **配料**：花生油 1 克，白糖 1 克，酵母适量
- **做法**：

1 鸡蛋打散后，用花生油摊成薄皮备用。

2 将面粉、小麦胚粉加入水、盐、酵母，和成面团，把面团擀成薄片，放上蛋皮，卷成卷儿，切成条。

3 把切好的条拧成花卷，上蒸锅蒸制 25 分钟后，出锅即可。

温馨提示
摊蛋皮时，要用小火，锅内少放油。

营养分析
鸡蛋含有蛋白质、脂肪、维生素等，有补充气血、提高智力、强化体质的功效。

核桃仁炒菠菜

- 主料：菠菜 30 克
- 配料：核桃仁 7 克
- 调料：花生油 2 克，盐 1 克，白糖 0.3 克，香油、葱花、姜末、蒜末适量
- 做法：

1 核桃仁用开水浸泡，去皮，洗净；菠菜洗净，沸水焯烫、过凉后，切成 1 厘米长的小段儿备用。

2 锅中放入花生油，煸炒葱花、姜末、蒜末后，下入菠菜段翻炒，最后放入核桃仁和调料，翻炒均匀，出锅前淋入香油即可。

温馨提示

菠菜食用前，先用开水焯烫，去除草酸。核桃仁要先去皮，以减少涩味。

营养分析

核桃仁含有大量的碳水化合物、叶酸钠等，有健胃、补血、改善心脏功能的功效。菠菜含有大量的维生素 C、胡萝卜素、铁、钙、磷等，有补血、止血、滋阴平肝、助消化的功效。

花生滑子菇粥

- 主料：大米 15 克
- 配料：滑子菇 5 克，花生（带红衣）5 克
- 调料：盐 0.5 克，香油适量
- 做法：

1 将花生洗净，放入开水锅中煮至八成熟，与斩碎的滑子菇放在一起备用。

2 大米洗净，放入开水锅中，大火煮至开花后，放入花生和滑子菇，再煮 10 分钟后放入盐，出锅前点几滴香油即可。

温馨提示

滑子菇清洗时，要反复搓洗，去除黏液。

营养分析

花生含有多种维生素、钙、磷、钾等，有润肺、和胃、补脾的功效。花生红衣有补血、止血的功效。

加餐

酸奶
（100 克）

枇杷
（65 克）

冰糖菊花水
（冰糖 3 克，菊花 2 克）

星期一午餐

二米饭

- 主料：大米 50 克
- 配料：小米 10 克
- 做法：

1　将大米洗净，放在容器里，加上水。

2　将小米洗净，均匀地撒在大米上，铺满表面。

3　上锅蒸 40 分钟，成熟即可。

温馨提示

蒸饭时，为了更适合幼儿食用，可以适量多加一些水，以使米饭软烂，有助消化。

营养分析

小米含有丰富的蛋白质、维生素 B_1、维生素 B_2、胡萝卜素、钙、铁等，有助消化、健胃除湿的功效。

板栗扒菜心

- 主料：白菜心 60 克
- 配料：板栗 10 克
- 调料：花生油 2 克，盐 1 克，料酒、葱、姜、水淀粉、香油适量
- 做法：

1　白菜心洗净，下开水锅焯烫后，过凉；板栗炒熟，去壳；葱、姜切末备用。

2　锅中放入花生油，煸炒葱末、姜末，烹入料酒后，放入盐，把白菜心倒入锅中，烧制汤汁至大开后，勾入水淀粉，放入板栗，出锅淋入香油即可。

温馨提示

板栗可选用去壳的糖炒栗子。

营养分析

板栗含有多种维生素、钙、磷、铁等，有养胃健脾、活血益气、增加钙质的功效。白菜含有维生素 A、钙、磷等，有清热解毒、防止便秘的功效。

神仙豆腐汤

- 主料：豆腐10克
- 配料：鸡蛋10克，香菇5克，竹笋5克，香菜1克
- 调料：盐1克，水淀粉、香油适量
- 做法：

1. 豆腐洗净、切丁；香菇切小片；竹笋切片；鸡蛋打散；香菜洗净，切末后备用。
2. 锅中放入适量水，烧开后，放入豆腐丁、香菇片、竹笋片，加盐调味，煮至成熟。
3. 勾入水淀粉，洒入鸡蛋液，撒上香菜末，出锅前淋入香油即可。

温馨提示
勾入水淀粉之后，迅速洒入鸡蛋液关火，否则鸡蛋容易成絮状。

营养分析
豆腐含有丰富的钙、铁、磷、碳水化合物等，有降低胆固醇、抗氧化的功效。

樱桃丸子

- 主料：猪肉馅25克
- 配料：鸡蛋5克，香菜1克
- 调料：番茄酱10克，花生油2克，白糖2克，盐1克，白醋、料酒、水淀粉、蒜末、葱姜水适量
- 做法：

1. 鸡蛋打散，香菜切末备用。猪肉馅加入盐、料酒、葱姜水、鸡蛋液后搅拌均匀。
2. 锅内水烧开，将调好的肉馅，剂成大小均匀的小肉丸子，汆下锅，煮至成熟，捞出备用。
3. 锅中放入花生油，煸炒蒜末后，放入番茄酱，炒出红油后，加入少量水和剩下的调料，勾入水淀粉，放入肉丸子汆下锅，搅拌均匀后，撒上香菜末即可。

温馨提示
用绞过3遍以上的肉馅来制作，口感更佳。将葱、姜拍烂，放入小碗的冷水中浸泡数小时，然后取出葱、姜，制成葱姜水。

营养分析
猪肉含有大量脂肪、B族维生素、钙、磷、铁等，有增强体力、消除疲劳、健脾益气的功效。

午点

盘香条

营养分析
芝麻酱富含蛋白质、氨基酸、钙及多种维生素，对骨骼、牙齿的发育有益。它含铁量高，可纠正偏食、厌食，预防缺铁性贫血。

▣ 主料：面粉10克

▣ 配料：芝麻酱5克，蛋黄液3克，花生油2克，白糖2克

▣ 做法：

1. 面粉加入花生油和适量水，和成面团。

2. 把芝麻酱和白糖搅匀，搓成条，把面团擀成大片，卷上搓好的芝麻酱糖条，切成5厘米长的竖条后，拧一下。

3. 在盘香条表面刷一层蛋黄液，上烤箱，上火190℃、底火180℃，烤20分钟即可。

温馨提示
调制芝麻酱时，不能太干或太稀，以能搓成条为准。

苹果

（100克）

牛奶

（200克）

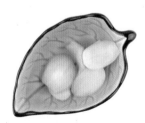

冰糖百合水

（冰糖3克，百合2克）

星期一晚餐

茄丁蔬菜面

- 主料：面条 75 克
- 配料：茄子 50 克，香菇 10 克，黄瓜 10 克，圆白菜 5 克，木耳 5 克，小水萝卜 3 克
- 调料：花生油 3 克，盐 2 克
- 做法：

1 茄子洗净，去皮，切丁；香菇洗净，切片；黄瓜、圆白菜、木耳、小水萝卜洗净，切丝后备用；圆白菜丝、木耳丝开水焯烫后备用。

2 锅中放入花生油，烧热后倒入茄丁、香菇片，翻炒至出汤后，放入盐调味，制成茄子卤。

3 面条煮熟，捞出，控干水分，把黄瓜丝、圆白菜丝、木耳丝、小水萝卜丝摆放在面条上，再把茄子卤浇在面条上即可。

温馨提示
干木耳用冷水浸泡，成菜口感更佳。

营养分析
茄子含有 B 族维生素、维生素 A、维生素 C、钙、磷、铁等，有清热凉血、消肿止痛的功效。

面汤
（面粉 0.5 克）

星期二早餐

四味包

■ 主料：面包片 15 克

配料：熟玉米粒 3 克，肉松 3 克，火腿 3 克，黄瓜 3 克

■ 调料：沙拉酱 3 克，番茄沙司 3 克

■ 做法：

1 面包片去边后，切成 4 块备用。

2 黄瓜、火腿切碎备用。

3 把黄瓜碎、火腿碎、熟玉米粒、肉松分成 4 份，分别码放在 4 片面包片上，在表面挤上沙拉酱和番茄沙司即可。

温馨提示

番茄沙司是调好味道的，可直接食用。切配料时，要选用熟食菜板和菜刀，注意生、熟分开。

营养分析

玉米含有丰富的蛋白质、膳食纤维、胡萝卜素、磷、钾、钠等，有利尿降压、助消化、调整神经系统的功效。

小葱炒鸡蛋

- **主料**：鸡蛋 25 克
- **配料**：小葱 5 克
- **调料**：花生油 3 克，盐 1 克
- **做法**：

1 小葱洗净，切末后备用。
2 鸡蛋打散，加入盐，搅拌均匀。
3 锅中放入花生油，煸炒小葱碎出香味后，迅速倒入鸡蛋液，并用铲子翻炒均匀，搅散成小块，即可出锅。

温馨提示
小葱可以分两部分使用，一部分煸炒香味时使用，一部分在鸡蛋炒熟后再放，能使菜品更美观。

营养分析
小葱含有丰富的膳食纤维、维生素 C、钙、铁、锌、硒等，有平肝润肠、刺激食欲、帮助消化的作用。

红薯粥

- **主料**：大米 15 克
- **配料**：红薯 10 克
- **调料**：冰糖 1 克
- **做法**：

1 红薯洗净、去皮，切小丁后备用。
2 大米洗净，放入开水锅中，大火煮至六成熟后，放入红薯丁，再一起煮至完全成熟后关火。
3 煮好的粥放入冰糖，待冰糖溶开后，搅匀即可。

温馨提示
制作红薯粥时，最好去皮，以免影响口感。

营养分析
红薯含有维生素 A、B 族维生素、维生素 C、维生素 E、钾、铁、铜等，有保护视力、提高免疫力的功效。

加餐

 酸奶
（100 克）

 哈密瓜
（65 克）

 冰糖山楂水
（冰糖 3 克，山楂干 2 克）

星期二午餐

二冬鸡翅

- 主料：鸡翅中 70 克
- 配料：冬笋 15 克，香菇 15 克
- 调料：花生油 2 克，酱油 1 克，白糖 1 克，盐 0.5 克，黄酒、葱、姜、蒜瓣、花椒、大料适量

做法：

1. 鸡翅中用清水浸泡 2 小时，去除血水，冷水下锅，开锅后撇去浮沫，捞出控干水分后备用；葱洗净，切成段；姜洗净，切成片；蒜瓣洗净；花椒、大料洗净，用纱布包成料包备用。

2. 冬笋洗净，去芯，切成片；香菇洗净，去根，切成丁备用。

3. 锅中放入花生油，下入白糖炒糖色，放入鸡翅中、葱段、姜片、蒜瓣后煸炒，烹入黄酒后，放入酱油、盐、料包，加适量热水。

4. 烧开后，改小火炖至八成熟，放入冬笋片和香菇丁，炖制 15 分钟后出锅。

温馨提示

如果鸡翅已炖至熟烂，可将鸡翅捞出后，再把冬笋片、香菇丁放入汤中，这样不会影响鸡翅外形的完整，保持菜品美观。

营养分析

鸡翅含有丰富的蛋白质、脂肪、钙、铁等，有温补脾胃、益气养血、强筋骨的功效。

西芹荸荠

- 主料：西芹 50 克
- 配料：荸荠 15 克
- 调料：花生油 2 克，盐 1 克，白糖 0.3 克，水淀粉、葱、姜适量

做法：

1. 西芹去叶，洗净，斜切成 3 厘米长的小段；荸荠洗净，切片；葱、姜洗净，切末后备用。

2. 西芹段和荸荠片一起下入开水锅，焯烫后，过凉，控干水分后备用。

3. 锅中放入花生油，煸炒葱、姜末后，下入西芹段和荸荠片，大火翻炒，下入调料，出锅前勾入适量水淀粉即可。

温馨提示

焯烫西芹的时候，为了使西芹颜色保持鲜绿，可在开水中滴入一两滴油后，再放入西芹。

营养分析

西芹含有丰富的 B 族维生素、维生素 C、维生素 E 等，具有健脑、清肠利便的功效。

红豆米饭

主料：大米 50 克
配料：红豆 10 克

做法：

1 红豆用温水浸泡 3 小时后备用。
2 将大米洗净，放入容器中，加上水。
3 将泡好的红豆洗净，均匀地撒在大米上，铺满表面。
4 上锅蒸 40 分钟，成熟即可。

温馨提示
红豆要长时间浸泡后再用，这样煮制或蒸制时容易熟烂。

营养分析
红豆含有维生素 B_1、维生素 B_2、钙、铁等，有健脾、止泻、利水消肿的功效。

海米冬瓜汤

主料：冬瓜 30 克
配料：海米 2 克，枸杞 1 克，香菜 1 克
调料：盐 1.5 克，香油适量

做法：

1 冬瓜洗净，去皮，切小片后备用。
2 海米、枸杞用温水泡透，洗净；香菜洗净，切末备用。
3 锅中放入适量水，烧开后放入冬瓜片、海米，再放入盐调味，撒入枸杞、香菜末，出锅前淋入香油即可。

温馨提示
海米制作前，应先用温水浸泡，去除咸味、苦味。

营养分析
冬瓜含有胡萝卜素、B 族维生素、钙、磷、铁等，有利尿消肿、清热解毒、清胃降火的功效。

午点

培根酥

营养分析
培根含有丰富的脂肪、蛋白质等，有增强体力、消除疲劳、生津益血的功效。

▨ 主料：面粉 10 克，起酥油 5 克

▨ 配料：芹菜 7 克，蛋黄液 7 克，培根 5 克，香菇 2 克

▨ 做法：

1 将面粉、起酥油和适量的温水混合，和成面团。

2 把芹菜、香菇洗净，切碎，焯水，捞出，控干水分备用；培根切碎备用。

3 将芹菜碎、香菇碎、培根碎均匀搅拌，制成馅料备用。

4 将面团揪成若干个小剂子，再擀成面皮，包入适量的馅料。

5 在培根酥表面刷好蛋黄液后，放入烤箱，上火 180℃、底火 170℃，烤 25 分钟即可。

温馨提示
在制作面皮时，要使用冰箱的冷藏功能，反复叠层。

梨

（100 克）

牛奶

（200 克）

冰糖莲藕水

（莲藕 15 克，冰糖 3 克）

星期二晚餐

西米奶黄包

- 主料：西米 20 克，面粉 10 克，小麦胚粉 3 克
- 配料：鸡蛋 5 克，奶粉 5 克，黄油 2 克，玉米淀粉 1 克，白糖 1 克，酵母适量
- 做法：

1 西米用开水浸泡 1 小时后，控干水分，与面粉、黄油、一半的奶粉、小麦胚粉、酵母和成西米面团后备用。

2 鸡蛋打散，放入玉米淀粉、剩下的奶粉、白糖，上锅蒸，每 5 分钟拿出蒸锅搅拌一下，直至成熟，制成奶黄馅。

3 西米面团揪成若干个小剂子，擀成面皮，包入奶黄馅，上蒸锅蒸 30 分钟后即可。

温馨提示
奶黄馅在蒸制中，要经常搅拌，多注意观察，不能让奶黄馅结成块状。

营养分析
西米含有碳水化合物、B 族维生素等，具有健脾、补肺、化痰的功效。

士干饼

- 主料：面粉 30 克
- 配料：豆沙馅 10 克，黄油 5 克，奶粉 5 克，鸡蛋 5 克
- 做法：

1 面粉和奶粉混合，用软化的黄油搓均匀，打入鸡蛋，和成面团，放入冰箱冷藏备用。

2 将和好的面团揪成若干个小剂子，擀成面皮，包入豆沙馅。

3 上烤箱，上火 180℃、底火 200℃，烤 20 ～ 25 分钟成熟即可。

温馨提示
黄油要提前化开，但不能化成液体。

营养分析
牛奶含有丰富的蛋白质、维生素 A、维生素 D、钙、铁、磷等，有补充钙质、改善贫血、护理胃肠的功效。

皮箱豆腐

■ 主料：北豆腐 35 克，猪肉馅 15 克

■ 配料：香葱 2 克

■ 调料：盐 1.5 克，花生油 1 克，白糖 0.3 克，料酒、
生抽、胡椒粉、香油、水淀粉、葱末、姜末适量

■ 做法：

1 北豆腐切大块，中间挖空；香葱洗净，切成粒儿
备用。

2 将猪肉馅加入料酒、适量的盐、生抽、胡椒粉、葱末、姜末，调成馅，填入挖空的豆腐块里，一起上蒸锅，蒸制 30 分钟。

3 锅中放入花生油，放入适量的盐、白糖，加水少许，调制汤汁，用水淀粉勾成薄芡，淋入香油。

4 将制好的芡汁淋在蒸好的豆腐上，再撒上香葱粒，淋入香油即可。

温馨提示
挖空豆腐块时，注意"箱壁"不要太薄，以免漏馅。

营养分析
豆腐含有大量钙、铁、磷、碳水化合物等，有降低胆固醇、抗氧化的功效。

虾仁炒彩瓜

主料：虾仁 30 克

配料：南瓜 10 克，西葫芦 10 克，红柿子椒 5 克，黄柿子椒 5 克

调料：花生油 2 克，盐 1.5 克，白糖 0.5 克，料酒、胡椒粉、水淀粉、葱末、姜末适量

做法：

1 虾仁洗净，去虾线，用少量的盐腌制入底味，焯水后备用。

2 南瓜和西葫芦洗净，去皮，切小丁，焯水备用。

3 红、黄柿子椒洗净，切小片备用。

4 锅中放入花生油，煸炒葱末、姜末后，下入红、黄柿子椒片煸炒，放入少许水，加入调料调味，水开后勾入水淀粉，开锅后下入其他原料炒匀即可。

温馨提示

虾仁用冷水泡开，去除虾线，口感更佳。

营养分析

虾仁含有丰富的蛋白质、维生素 A、钙、铜、锌、硒等，有益气滋阳、开胃化痰的功效。

鲢鱼笋干汤

主料：鲢鱼 20 克

配料：竹笋 10 克，香菜 2.5 克，枸杞 1 克

调料：花生油 2 克，盐 1.5 克，香油适量

做法：

1 鲢鱼洗净，去内脏、去鳃、去鳞备用。

2 竹笋洗净，切片；香菜洗净，切末；枸杞温水浸泡 2 小时备用。

3 锅中放入花生油，煎鲢鱼，待鱼肉变白后放入适量水，大火煮制，待汤汁完全变白后，捞出鱼肉、鱼骨，放入竹笋片和盐调味，成熟后撒上香菜末，放入枸杞，淋入香油即可。

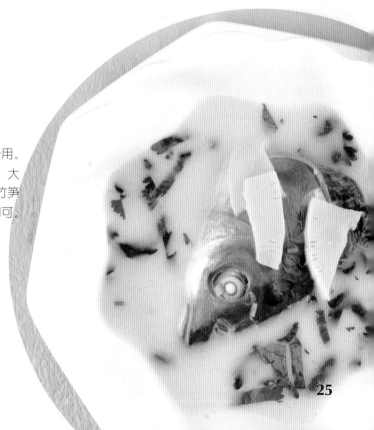

温馨提示

鲢鱼要用少量油在锅中煎一下，有助于汤汁变浓、变白。

营养分析

鲢鱼含有丰富的蛋白质、脂肪、叶酸、维生素 A、维生素 B_6、维生素 E、钙、铁、磷等，有健脾、补气、温中暖胃的功效。

星期三早餐

小糖三角

- 主料：面粉25克，小麦胚粉3克
- 配料：红糖5克，酵母适量
- 做法：

1 将面粉、小麦胚粉、酵母和匀，加水调成面团，揪成若干个小剂子，擀成面皮，中间加入红糖。

2 捏成三角形，放置30分钟，再放入蒸锅，开锅后再蒸30分钟即可。

温馨提示

红糖要混入少量面粉，一同包入面皮中，以免成品糖馅流出。

营养分析

红糖含有丰富的钙、磷、钾、镁、铁等，有促进血液循环、化瘀止痛、增加能量的功效。

青豆炒胡萝卜

- 主料：胡萝卜 20 克
- 配料：青豆 5 克
- 调料：花生油 1 克，盐 1 克，生抽 0.5 克，白糖 0.3 克，葱花适量
- 做法：

1 胡萝卜洗净，去皮，切小丁备用；青豆洗净，煮熟备用。

2 锅中放入花生油，煸炒葱花出香味，再放入胡萝卜丁翻炒。快熟时，下入青豆，加调料调味，炒匀即可。

温馨提示

青豆在炒制之前，最好先煮熟，以免有豆腥味。

营养分析

胡萝卜含有丰富的维生素 A、B 族维生素、钙、磷、钾等，有健脾消食、补肝明目、润肠通便、降气止咳的功效。

柳叶汤

- 主料：番茄 20 克
- 配料：面粉 15 克，鸡蛋 7 克
- 调料：花生油 2 克，盐 1.5 克，香油适量
- 做法：

1 番茄洗净，切碎；鸡蛋打散备用。

2 面粉和成面团，擀成大薄片，切成柳叶状备用。

3 锅中放入花生油，煸炒番茄碎，放入适量的水，烧开后调味，放入柳叶面片，开锅后洒入鸡蛋液，淋上香油即可。

温馨提示

番茄在锅中煸炒后，再放入水，能使汤汁更浓。

营养分析

番茄含有丰富的有机酸、维生素 A、B 族维生素、维生素 C、胡萝卜素、钙、磷、钾等，有健胃消食、消热解毒的功效。

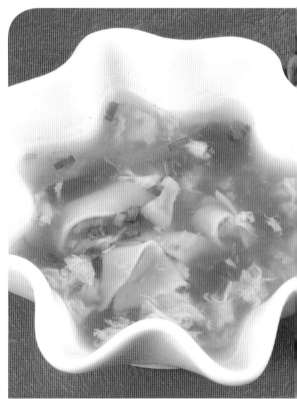

加餐

奶酪
（20 克）

橘子
（65 克）

冰糖菜根水
（芹菜 5 克，白萝卜 5 克，胡萝卜 5 克，冰糖 3 克）

咖喱鸡肉盖浇饭

- 主料：大米 50 克
- 配料：鸡胸肉 10 克，洋葱 5 克，红柿子椒 5 克，黄瓜 5 克
- 调料：花生油 2 克，盐 2 克，咖喱酱 1 克，小葱 1 克
- 做法：

1 大米洗净，上蒸锅蒸熟备用。

2 洋葱、红柿子椒洗净，切片；鸡胸肉、黄瓜洗净，切小丁；小葱洗净，切粒备用。

3 锅中放入花生油，煸炒洋葱片出香味后，放入咖喱酱、鸡胸肉丁、黄瓜丁和适量的水，大火烧开后，改用小火熬制，放入红柿子椒片、小葱粒和盐调味。

4 把炒好的咖喱汁浇在饭上即可。

温馨提示
因为幼儿不喜欢吃辣味的食物，所以咖喱酱最好选用不辣或微辣的。

营养分析
咖喱含有丰富的蛋白质、维生素、矿物质等，有增进食欲、促进新陈代谢的功效。

主料：猪纯排 50 克

配料：莲藕 30 克

调料：醋 5 克，花生油 2 克，白糖 2 克，盐 1 克，酱油 1 克，葱段、姜片、蒜末、料酒、水淀粉、熟芝麻适量

做法：

1 猪纯排斩成段，洗净，用凉水下锅，开锅后撇去浮沫，捞出；莲藕洗净，切小块备用。

2 锅中放入花生油，放入白糖炒出糖色，下入猪纯排炒制，加入葱段、姜片，烹入料酒，然后再下入其他调料调味，八成熟时下入莲藕块，一起炖制 30 分钟。

3 成熟后，勾入适量水淀粉，下入蒜末炒匀，撒上熟芝麻即可。

温馨提示

莲藕去皮、切块后，要用冷水浸泡，以免表皮氧化。

营养分析

莲藕含有丰富的钙、磷、维生素 E、维生素 B$_2$、维生素 C、氟等，有利五脏、通经脉、清胃热的功效。

糖醋莲藕小排骨

番茄炒蛋

主料：番茄 65 克

配料：鸡蛋 25 克

调料：花生油 4 克，盐 1.5 克，白糖 1 克，酱油 0.5 克，番茄酱、番茄沙司、葱末、姜末适量

做法：

1 番茄洗净，切小块；鸡蛋打散，炒熟备用。

2 锅中放入花生油，煸炒番茄酱和番茄沙司，下入葱末、姜末炒香，再放入番茄块炒熟，最后放入炒熟的鸡蛋和其他调料，翻炒均匀即可。

温馨提示

鸡蛋在炒制时，要多炒一会儿，以免影响成品美观。

营养分析

番茄加鸡蛋含有丰富的维生素 C、蛋白质等，常吃有滋补、美容的功效。

象眼汤

主料：黄瓜 30 克

配料：鸡蛋 10 克

调料：盐 1.5 克，水淀粉、香油适量

做法：

1 黄瓜洗净，切成象眼片；鸡蛋打散备用。

2 锅中放入适量的水，开锅后先勾入水淀粉，再洒入鸡蛋液，最后放入黄瓜片和盐调味，出锅前淋入香油即可。

温馨提示

黄瓜要在开锅后再放入，煮的时间不宜过长，以免影响成菜的美观。

营养分析

黄瓜含有丰富的维生素 A、维生素 C、维生素 E、钙、磷、镁等，有清热、利尿、解毒、除湿的功效。

午点

曲奇饼干

▦ 主料：面粉10克，黄油6克，鸡蛋5克
▦ 配料：白糖2克，臭粉适量
▦ 做法：

1 将鸡蛋和黄油搅拌均匀，放入打蛋器里抽打，混合蛋液膨胀起来，制成鸡蛋浆。

2 将面粉、白糖、臭粉放入鸡蛋浆中，搅拌均匀，制成面浆。

3 用挤花袋装上面浆，挤在烤盘上，入烤箱，上火和底火都是180℃，烤20分钟即可。

温馨提示

制作时，要注意主料配比，面糊调制要适中，不宜过硬或过软。将面浆挤在烤盘上时，要注意间距，不宜过小。

草莓
（80克）

牛奶
（200克）

冰糖绿豆水
（绿豆6克，冰糖3克）

星期三晚餐

豆制品炒三丁

主料：豆制品 15 克

配料：胡萝卜 25 克，土豆 25 克，豌豆 10 克

调料：花生油 2 克，盐 1.5 克，白糖 0.5 克，生抽、料酒、葱末、姜末、大料适量

做法：

1 胡萝卜和土豆洗净，切成小丁，与豌豆一起焯水备用。

2 豆制品改刀，切成与其他配料相同大小的丁备用。

3 锅中放入花生油，放入大料煸香，下入豌豆炒熟，再下入葱末、姜末和豆制品丁翻炒，加入胡萝卜丁和土豆丁炒匀，加入调料，再煸炒 1 分钟即可。

温馨提示

土豆切好后，用冷水浸泡，以免表皮淀粉氧化变黑，影响成菜美观。

营养分析

土豆含有丰富的碳水化合物、B 族维生素、钙、铁、钾、锌等，有益气、健脾、解毒的功效。

魔方糕

- 主料：面粉 40 克，小麦胚粉 3 克
- 配料：番茄酱 4 克，可可粉 2 克，白糖 1 克，酵母适量
- 做法：

1 将面粉、小麦胚粉和酵母和匀，加入水和白糖调成面团；取 1/4 面加入番茄酱，和成番茄面团；再取 1/4 的面加入可可粉，和成可可面团。

2 再将剩下的面团擀成片，把番茄面团和可可面团各搓成 2 根细条，再把这 4 根细条包入面片里卷成筒状。

3 搁置 30 分钟，入蒸锅，蒸 30 分钟后出锅，再切成块即可。

温馨提示
芯面中的番茄面和可可面要分开摆放，避免粘连，以使成品更加美观。

营养分析
小麦含有丰富的碳水化合物、多种维生素、钙、铁、磷、钾、镁等，有除烦、止血、利小便的功效。

五彩里脊丝

- 主料：猪里脊丝 20 克
- 配料：绿豆芽 10 克，胡萝卜 10 克，红柿子椒 5 克，香菇 5 克
- 调料：花生油 3 克，盐 1.5 克，白糖 0.3 克，料酒、水淀粉、葱末、姜末适量
- 做法：

1 猪里脊丝用盐和水淀粉上浆，再放入二三成热的油锅里，滑熟备用。

2 其他配料洗净，将胡萝卜、红柿子椒、香菇切丝，焯水备用。

3 锅中放入花生油，煸香葱、姜末，加入适量的水，下调料和水淀粉勾芡，开锅后下入所有备用原料，炒匀即可。

温馨提示
绿豆芽在炒制前，用剪刀剪去绿豆芽的两端，有利于成菜的美观。

营养分析
绿豆芽含有丰富的维生素 A、B 族维生素、维生素 C、钙、磷、铁等，有清热降火、祛痰除湿、利尿通便的功效。

香港紫荆花

- 主料：面粉 25 克
- 配料：枣泥馅 10 克，猪油 2 克，蛋黄液 1 克
- 做法：

1. 将 4/5 的面粉加入水，和成皮面；用猪油和剩余的面粉，和成芯面。
2. 用皮面包上芯面，擀成大片，叠 3 层，反复 3~4 次，叠成酥面备用。
3. 将叠好的酥面擀成大片，卷成卷儿，揪成 20 克的剂子，擀皮包入枣泥馅，按成饼，用剪刀在枣泥饼上均匀地剪出 5 瓣，将每瓣上提、捏紧，刷上蛋黄液。
4. 上烤箱烤，上火和底火都是 180℃，烤 20~25 分钟成熟即可。

温馨提示
做好形状的面饼在入烤箱烤制之前，一定要把蛋黄液刷在表面上，这样烤制出来的成品外观更佳。

营养分析
枣泥含有丰富的胡萝卜素、B 族维生素、维生素 C、钙、铁、磷等，有降低胆固醇、保护肝脏的功效。

时蔬鲜虾汤

- 主料：虾仁 15 克
- 配料：胡萝卜 5 克，玉米粒 3 克，黄瓜 3 克，木耳 3 克
- 调料：盐 1.5 克，水淀粉、香油适量
- 做法：

1. 虾仁洗净，去虾线，用开水焯一下备用。
2. 木耳水发后，与洗净的胡萝卜、黄瓜切片备用。
3. 锅中放入适量的水，烧开后放入玉米粒、胡萝卜片、黄瓜片、木耳、虾仁和盐调味后，勾入水淀粉，最后淋上香油即可。

温馨提示
菜品中的配料蔬菜，可根据季节更换其他品种。叶菜类在制作前要先焯一下水，去除草酸。

营养分析
此汤含有丰富的铁、钙、多种矿物质元素等，有清热解毒、润肠生津的功效。

星期四早餐

素什锦

- 主料：素鸡豆制品10克
- 配料：黄瓜10克，胡萝卜5克，木耳3克，腐竹3克
- 调料：花生油2克，盐1.5克，白糖0.3克，葱、姜、蒜末适量
- 做法：

1 素鸡豆制品切成小片；木耳泡发，去根，洗净，切成小片；腐竹泡发，切成小片；黄瓜、胡萝卜洗净，切小片，胡萝卜焯水后备用。

2 锅中放入花生油，煸炒葱、姜、蒜末，放入木耳片和腐竹片煸炒，再下入素鸡豆制品片和胡萝卜片，最后放入黄瓜片和盐、白糖调味，翻炒1分钟后即可。

温馨提示
菜品中的配料可按时令选取。

营养分析
腐竹含有丰富的蛋白质、脂肪、碳水化合物、维生素、多种矿物质元素等，有保护心脏、补血、补钙的功效。

五香千层饼

主料：面粉 25 克，小麦胚粉 3 克

配料：五香粉和椒盐 0.5 克，酵母、花生油适量

做法：

1 将面粉、小麦胚粉、酵母和匀，加入适量的水和成面团，把面团擀成面片，刷上花生油，撒上五香粉和椒盐。

2 把面片卷成卷儿，搁置 30 分钟，再入蒸锅，蒸 30 分钟。取出后，斜切成段即可。

温馨提示
在卷制面皮时，应纵向卷起，以增加成品的层数，外观更佳。

营养分析
此点中含有丰富的磷、铁、锰等，有促进消化液分泌、增加胃肠蠕动、健胃行气的功效。

胡萝卜粥

主料：大米 15 克

配料：胡萝卜 10 克

调料：冰糖 1 克

做法：

1 胡萝卜洗净、去皮后，切成丁备用。

2 大米洗净，与胡萝卜丁一同放入开水锅中，大火煮至完全成熟后关火。

3 煮好的粥放入冰糖，待溶化后，搅匀即可。

温馨提示
胡萝卜在制作的过程中，也可以擦成丝状，减少熬煮的时间，更容易软烂。

营养分析
大米含有丰富的钙、铁、磷等，与胡萝卜一同食用具有止咳化痰、消食利膈、止渴、消肿的功效。

加餐

 梨
（65 克）

 酸奶
（100 克）

 冰糖荸荠水
（荸荠 15 克，冰糖 3 克）

星期四午餐

番茄鳕鱼排

- 主料：鳕鱼 75 克
- 配料：豌豆 5 克，玉米粒 5 克，红柿子椒 2 克
- 调料：番茄酱 3 克，花生油 2 克，白糖 2 克，盐 1 克，番茄沙司、水淀粉、白醋、葱花、蒜末适量

做法：

1 鳕鱼洗净，切成厚片，用少许盐腌制底味备用；豌豆、玉米粒洗净，焯水备用；红柿子椒洗净，切成小丁备用。

2 蒸锅足气蒸制鳕鱼 10 分钟。

3 锅中放入花生油，炒制番茄酱和番茄沙司，加入配料和葱花、蒜末、盐、白糖调味，勾入水淀粉，烹入少量白醋，制成汤汁淋在蒸熟的鳕鱼上即可。

温馨提示
足气表示蒸锅里的水完全开锅的意思。

营养分析
鳕鱼含有丰富的矿物质元素、钙、铁、镁、磷等，有活血去瘀、补血止血、清热消炎的功效。

花生米饭

- 主料：大米 50 克
- 配料：花生（带红衣）10 克

做法：

1 将大米洗净，加上适量的水。

2 将花生洗净，均匀地撒在大米上，铺满表面。

3 上锅蒸 40 分钟，成熟即可。

温馨提示
花生要用冷水泡制，多换几次水，以使成菜外观颜色更佳。

营养分析
花生含有丰富的维生素、钙、磷、钾等，有扶正补虚、悦脾和胃、润肺化痰、增强记忆力的功效。

鸡蛋炒小白菜

主料：小白菜 70 克

配料：鸡蛋 25 克

调料：花生油 3 克，盐 1.5 克，香油、葱花适量

做法：

1 小白菜洗净，焯水后，切成 2～3 厘米长的小段备用；鸡蛋打散备用。

2 鸡蛋用花生油炒熟，加入葱花炒香，下入小白菜段煸炒，加盐炒匀，出锅前淋香油即可。

温馨提示

小白菜洗净后，要先焯水，去除草酸，再切制、炒制。

营养分析

小白菜含有丰富的膳食纤维、维生素 B_1、维生素 B_2 等，有消肿散结、通利胃肠的功效。

叉烧菠菜汤

主料：菠菜 30 克

配料：鸡蛋 10 克，叉烧肉 5 克

调料：盐 1 克，水淀粉、香油适量

做法：

1 菠菜洗净，开水焯烫、过凉后，切小段备用。

2 叉烧肉切末；鸡蛋打散备用。

3 锅中放入适量的水，烧开后放入菠菜段、叉烧肉末和盐调味，勾入水淀粉，洒入鸡蛋液，出锅前淋入香油即可。

温馨提示

菠菜中含有大量草酸，应先焯水后再食用。

营养分析

菠菜含有丰富的维生素 C、蛋白质、铁、钙、磷等，有补血止血、利五脏、通血肠的功效。

午点

蒸南瓜
（南瓜25克）

火龙果
（100克）

冰糖银耳水
（冰糖3克，
银耳2克）

牛奶
（200克）

星期四晚餐

羊肉白菜包子

- ▨ 主料：面粉60克，羊肉馅35克，白菜30克，小麦胚粉3克
- ▨ 配料：盐2克，酵母、生抽、五香粉适量
- ▨ 做法：

1 白菜洗净，切碎末，与羊肉馅、盐、生抽、五香粉调成馅备用。

2 把面粉、小麦胚粉、酵母和适量的水和成发面团，揉匀成条，揪成若干个小剂子，擀成面皮，包入调好的白菜羊肉馅，捏出小褶成包子状。

3 搁置30分钟后，入蒸锅，蒸20分钟即可。

温馨提示
白菜切碎后，用纱布包好，拧干水分再用，避免馅料出汤。

营养分析
羊肉含有丰富的蛋白质、脂肪、维生素A、维生素B₂、维生素C等，有益气血、补虚损、温元阳、增强体质的功效。

莲子枣粥

▨ 主料：大米 20 克

▨ 配料：小枣（去核）10 克，莲子 5 克

▨ 调料：冰糖 3 克

▨ 做法：

1 莲子用温水泡开后备用；小枣洗净备用。

2 大米洗净，与开水放入锅中，大火煮至八成熟后，放入莲子、小枣，煮至完全成熟后关火。

3 煮好的粥放入冰糖，溶开后，搅匀即可。

温馨提示

莲子用温水泡开，将中间的绿芯去掉，以免味道太苦，影响口感。

营养分析

莲子含有丰富的维生素 C、维生素 E、钙、磷、钾、镁等，有清心火、安神、补脾止泻的功效。

星期五早餐

溜肝尖

▦ 主料：猪肝 30 克

▦ 配料：黄瓜 15 克，木耳 10 克

▦ 调料：花生油 2 克，盐 1.5 克，白糖 0.5 克，老抽、料酒、醋、水淀粉、葱末、姜末、蒜末适量

▦ 做法：

1 猪肝洗净，切成小片，放入冷水，去除血污后，控干水分，用水淀粉搅匀上浆，再下入二三成热度的油锅里滑熟备用。

2 黄瓜洗净，切成小片；木耳冷水泡发后，去根，洗净，切片备用。

3 锅中放入花生油，煸炒木耳片，加入葱、姜、蒜末和调料，再放少量的水，勾入水淀粉，下入黄瓜片和猪肝片翻炒均匀即可。

温馨提示

此菜在炒制时，要多放一些蒜末提味，且蒜末要多炒一会儿，去除辛辣的味道。

营养分析

猪肝含有丰富的铁、维生素A、蛋白质、脂肪、锌等，有补血、保护视力、增强人体免疫力的功效。

麻酱荷叶夹

▥ 主料：面粉 30 克，小麦胚粉 3 克

▥ 配料：芝麻酱 5 克，盐 1 克，酵母适量

▥ 做法：

1 将面粉、小麦胚粉、酵母和适量的水和成面团备用。

2 面团揪成若干个小剂子，擀成面皮，把芝麻酱刷在面皮上，叠成扇面状，从顶角 1/3 处切一刀，将三角形面皮与剩下的面皮叠放在一起，再在中间位置按压一下，即成荷叶夹。

3 上蒸锅，蒸制 30 分钟即可。

温馨提示

在面皮上刷少量的芝麻酱，以免影响成品外形美观。

营养分析

芝麻酱含有丰富的蛋白质、氨基酸、维生素及多种矿物质元素等，有预防缺铁性贫血、润肠通便的功效。

牛奶

（200 克）

加餐

 橙子

（65 克）

 冰糖甘蔗汁

（甘蔗 15 克，冰糖 2 克）

 琥珀桃仁

（核桃仁 10 克，白糖 3 克）

星期五午餐

太阳肉

▨ 主料：猪肉馅 30 克，鸡蛋 20 克

▨ 配料：西蓝花 5 克，红柿子椒适量

▨ 调料：盐 1.5 克，料酒、水淀粉、白胡椒粉、葱花适量

▨ 做法：

1. 西蓝花洗净，掰成小朵；红柿子椒洗净，切丝备用。猪肉馅和调料一起调好，铺平，中间挖出一个洞，上蒸锅足气蒸 15 分钟。

2. 取出蒸好的肉，在盘子周围摆上一圈西蓝花，在中间的洞里，打上整个鸡蛋，再撒上红柿子椒丝，入蒸锅足气蒸 10 分钟。

3. 锅中放入适量的水，先用盐调味，再勾入水淀粉，制成芡汁，淋在蒸好的鸡蛋和肉上即可。

温馨提示

为了使菜品的颜色和营养更丰富，也可以选用其他时令蔬菜。

营养分析

鸡蛋含有丰富的蛋白质、脂肪、维生素 A、B 族维生素、钙、磷等，有补充气血、提高智力、促进发育的功效。

香菇陈皮鸡汤

- 主料：鸡架子 15 克
- 配料：香菇 5 克，陈皮 2 克，枸杞 2 克
- 调料：盐 1.5 克
- 做法：

1 陈皮、枸杞用温水浸泡后，陈皮切丝备用。

2 香菇洗净，切小条备用。

3 锅中放入适量的水，冷水放入鸡架子，大火烧开，撇去浮沫，改小火煨制，待汤汁变浓后，放入陈皮丝、香菇条、枸杞、盐，再煨制 30 分钟后即可。

温馨提示
鸡架子要凉水下锅、去血沫后，再用冷水过凉，之后再煮制，口感更佳。

营养分析
此汤含有丰富的蛋白质、脂肪、钙、铁、钾等，有温补脾胃、益气养血、强筋骨的功效。

香脆莲花白

- 主料：圆白菜 70 克
- 配料：红柿子椒 10 克
- 调料：花生油 2 克，盐 1.5 克，白糖 0.3 克，香油、葱花适量
- 做法：

1 圆白菜洗净，切小片，焯水，控干水分备用。

2 红柿子椒洗净，切丝，焯水备用。

3 锅中放入花生油，煸炒葱花出香味，再放入所有原料翻炒，加入盐、白糖调味，出锅前淋香油即可。

温馨提示
圆白菜用水焯烫时，水中可放入少量的盐和花生油，以去除圆白菜中的土腥味。

营养分析
圆白菜含有丰富的维生素C以及多种矿物质元素等，有利五脏、壮筋骨、抑菌消炎的功效。

葡萄干米饭

- 主料：大米 50 克
- 配料：葡萄干 5 克
- 做法：

1 将大米洗净，放入容器中，加上水，上锅蒸，蒸 40 分钟成熟后备用。

2 将葡萄干洗净，均匀地撒在蒸熟的米饭上，铺满表面即可。

温馨提示
葡萄干不宜加热时间过长，否则影响口感。

营养分析
葡萄干含有丰富的 B 族维生素、柠檬酸、钙、钾、磷、铁等，有补血益气、健胃生津、利尿、滋肾益肝的功效。

 蒸山药
（山药 25 克）

 苹果
（100 克）

 冰糖胡萝卜水
（胡萝卜 15 克，冰糖 3 克）

 酸奶
（100 克）

 星期五晚餐

香芹炒饭

主料：大米 45 克，香芹 30 克，胡萝卜 15 克

配料：鸡蛋 20 克，火腿 10 克

调料：花生油 5 克，盐 2 克

做法：

1 大米洗净，上蒸锅蒸熟后，晾凉备用。

2 香芹、胡萝卜洗净，胡萝卜去皮，香芹、胡萝卜与火腿一起切末；鸡蛋打散后备用。

3 锅中放入适量的花生油，将鸡蛋炒熟，用铲子搅散后备用。

4 锅中放入适量的花生油，煸炒香芹、胡萝卜末，出汤后，放入火腿末和鸡蛋碎，待锅中原料成熟后，放入盐和米饭搅拌均匀即可。

温馨提示

炒饭时，所用的米饭要相对硬一些，这样炒出来的米饭口感更佳。

营养分析

香芹含有丰富的 B 族维生素、维生素 C、维生素 E 等，有促进食欲、健脑、解毒、消肿、促进血液循环的功效。

冬瓜球氽丸子汤

- 主料：冬瓜 30 克
- 配料：猪肉馅 10 克，枸杞 2 克，香菜 1 克
- 调料：盐 2 克，料酒、胡椒粉、香油适量
- 做法：

1 冬瓜洗净，去皮，挖球；枸杞用温水泡一下；香菜洗净，切末备用。

2 猪肉馅放入适量的盐、料酒、胡椒粉，调成丸子馅备用。

3 锅中放入适量的水，烧开后放入冬瓜球，煮开后氽入丸子，放入枸杞和香菜末，再加入适量的盐调味，出锅前淋入香油即可。

温馨提示

冬瓜取球时，尽量取冬瓜中心的部位，成菜口感更佳。

营养分析

冬瓜中含有丰富的膳食纤维、钙、磷、铁等，有利尿消肿、清热解毒、降火清胃的功效。

春季一周带量食谱

	星期一		星期二		
	食谱 / 页码	带量 / 人	食谱 / 页码	带量 / 人	食谱 / 页码
早餐	蛋皮花卷 / 12	面粉 35 克，鸡蛋 7 克，小麦胚粉 3 克，花生油 1 克，白糖 1 克	四味包 / 18	面包片 15 克，熟玉米粒 3 克，肉松 3 克，火腿 3 克，黄瓜 3 克，沙拉酱 3 克，番茄沙司 3 克	小糖三角 / 26
	核桃仁炒菠菜 / 13	菠菜 30 克，核桃仁 7 克，花生油 2 克，盐 1 克，白糖 0.3 克			青豆炒胡萝卜 / 27
	花生滑子菇粥 / 13	大米 15 克，滑子菇 5 克，花生（带红衣）5 克，盐 0.5 克	小葱炒鸡蛋 / 19	鸡蛋 25 克，小葱 5 克，花生油 3 克，盐 1 克	
			红薯粥 / 19	大米 15 克，红薯 10 克，冰糖 1 克	柳叶汤 / 27
加餐	酸奶 / 13	酸奶 100 克	酸奶 / 19	酸奶 100 克	奶酪 / 27
	枇杷 / 13	枇杷 65 克	哈密瓜 / 19	哈密瓜 65 克	橘子 / 27
	冰糖菊花水 / 13	冰糖 3 克，菊花 2 克	冰糖山楂水 / 19	冰糖 3 克，山楂干 2 克	冰糖菜根水 / 27
午餐	二米饭 / 14	大米 50 克，小米 10 克	二冬鸡翅 / 20	鸡翅中 70 克，冬笋 15 克，香菇 15 克，花生油 2 克，酱油 1 克，白糖 1 克，盐 0.5 克	咖喱鸡肉盖浇饭 / 28
	板栗扒菜心 / 14	白菜心 60 克，板栗 10 克，花生油 2 克，盐 1 克	西芹荸荠 / 20	西芹 50 克，荸荠 15 克，花生油 2 克，盐 1 克，白糖 0.3 克	糖醋莲藕小排骨 / 29
	樱桃丸子 / 15	猪肉馅 25 克，鸡蛋 5 克，香菜 1 克，番茄酱 10 克，花生油 2 克，白糖 2 克，盐 1 克	红豆米饭 / 21	大米 50 克，红豆 10 克	番茄炒蛋 / 29
	神仙豆腐汤 / 15	豆腐 10 克，鸡蛋 10 克，香菇 5 克，竹笋 5 克，香菜 1 克，盐 1 克	海米冬瓜汤 / 21	冬瓜 30 克，海米 2 克，枸杞 1 克，香菜 1 克，盐 1.5 克	象眼汤 / 29
午点	盘香条 / 16	面粉 10 克，芝麻酱 5 克，蛋黄液 3 克，花生油 2 克，白糖 2 克	培根酥 / 22	面粉 10 克，起酥油 5 克，芹菜 7 克，蛋黄液 7 克，培根 5 克，香菇 2 克	曲奇饼干 / 30
	苹果 / 16	苹果 100 克			草莓 / 30
	牛奶 / 16	牛奶 200 克	梨 / 22	梨 100 克	牛奶 / 30
	冰糖百合水 / 16	冰糖 3 克，百合 2 克	牛奶 / 22	牛奶 200 克	冰糖绿豆水 / 30
			冰糖莲藕水 / 22	莲藕 15 克，冰糖 3 克	
晚餐	茄丁蔬菜面 / 17	面条 75 克，茄子 50 克，香菇 10 克，黄瓜 10 克，圆白菜 5 克，木耳 5 克，小水萝卜 3 克，花生油 3 克，盐 2 克	西米奶黄包 / 23	西米 20 克，面粉 10 克，小麦胚粉 3 克，鸡蛋 5 克，奶粉 5 克，黄油 2 克，鹰粟粉 1 克，白糖 1 克	豆制品炒三丁 / 31
	面汤 / 17	面粉 0.5 克	士干饼 / 23	面粉 30 克，豆沙馅 10 克，黄油 5 克，奶粉 5 克，鸡蛋 5 克	魔方糕 / 32
			皮箱豆腐 / 24	北豆腐 35 克，猪肉馅 15 克，香葱 2 克，盐 1.5 克，花生油 1 克，白糖 0.3 克	五彩里脊丝 / 32
			虾仁炒彩瓜 / 25	虾仁 30 克，南瓜 10 克，西葫芦 10 克，红柿子椒 5 克，黄柿子椒 5 克，花生油 2 克，盐 1.5 克，白糖 0.5 克	香港紫荆花 / 33
			鲢鱼笋干汤 / 25	鲢鱼 20 克，竹笋 10 克，香菜 2.5 克，枸杞 1 克，盐 1.5 克，花生油 2 克	时蔬鲜虾汤 / 33

日人均总带量									
谷类及糕点	194.50	奶制品	0.00	谷类及糕点	165.00	奶制品	17.00	谷类及糕点	174.00
豆类及豆制品	10.00	蛋类	25.00	豆类及豆制品	55.00	蛋类	42.00	豆类及豆制品	46.00
蔬菜类	167.00	糖类	11.00	蔬菜类	184.00	糖类	7.50	蔬菜类	269.00
水果类	165.00	肝类	0.00	水果类	167.00	肝类	0.00	水果类	145.00
肉类及肉制品	25.00	鱼虾类	0.00	肉类及肉制品	96.00	鱼虾类	52.00	肉类及肉制品	80.00
油脂类	18.00	菌藻类	20.00	油脂类	18.00	菌藻类	17.00	油脂类	19.00
鲜奶酸奶	300.00	豆浆豆奶	0.00	鲜奶酸奶	310.00	豆浆豆奶	0.00	鲜奶酸奶	200.00

星期三		星期四		星期五
带量／人	食谱／页码	带量／人	食谱／页码	带量／人
面粉 25 克，小麦胚粉 3 克，红糖 5 克 胡萝卜 20 克，青豆 5 克，花生油 1 克，盐 1 克，生抽 0.5 克，白糖 0.3 克 番茄 20 克，面粉 15 克，鸡蛋 7 克，花生油 2 克，盐 1.5 克	素什锦／34 五香千层饼／35 胡萝卜粥／35	素鸡豆制品 10 克，黄瓜 10 克，胡萝卜 5 克，木耳 3 克，腐竹 3 克，花生油 2 克，盐 1.5 克，白糖 0.3 克 面粉 25 克，小麦胚粉 3 克，五香粉和椒盐 0.5 克 大米 15 克，胡萝卜 10 克，冰糖 1 克	溜肝尖／40 麻酱荷叶夹／41 牛奶／41	猪肝 30 克，黄瓜 15 克，木耳 10 克，花生油 2 克，盐 1.5 克，白糖 0.5 克 面粉 30 克，小麦胚粉 3 克，芝麻酱 5 克，盐 1 克 牛奶 200 克
奶酪 20 克 橘子 65 克 芹菜 5 克，白萝卜 5 克，胡萝卜 5 克，冰糖 3 克	梨／35 酸奶／35 冰糖荸荠水／35	梨 65 克 酸奶 100 克 荸荠 15 克，冰糖 3 克	橙子／41 冰糖甘蔗汁／41 琥珀桃仁／41	橙子 65 克 甘蔗 15 克，冰糖 2 克 核桃仁 10 克，白糖 3 克
大米 50 克，鸡胸肉 10 克，洋葱 5 克，红柿子椒 5 克，黄瓜 5 克，花生油 2 克，盐 2 克，咖喱酱 1 克，小葱 1 克 猪纯排 50 克，莲藕 30 克，醋 5 克，花生油 2 克，白糖 2 克，盐 1 克，酱油 1 克 番茄 65 克，鸡蛋 25 克，花生油 4 克，盐 1.5 克，白糖 1 克，酱油 0.5 克 黄瓜 30 克，鸡蛋 10 克，盐 1.5 克	番茄鳕鱼排／36 花生米饭／36 鸡蛋炒小白菜／37 叉烧菠菜汤／37	鳕鱼 75 克，豌豆 5 克，玉米粒 5 克，红柿子椒 2 克，番茄酱 3 克，花生油 2 克，白糖 2 克，盐 1 克 大米 50 克，花生（带红衣）10 克 小白菜 70 克，鸡蛋 25 克，花生油 3 克，盐 1.5 克 菠菜 30 克，鸡蛋 10 克，叉烧肉 5 克，盐 1 克	太阳肉／42 香菇陈皮鸡汤／43 香脆莲花白／43 葡萄干米饭／43	猪肉馅 30 克，鸡蛋 20 克，西蓝花 5 克，盐 1.5 克 鸡架子 15 克，香菇 5 克，陈皮 2 克，枸杞 2 克，盐 1.5 克 圆白菜 70 克，红柿子椒 10 克，花生油 2 克，盐 1 克，白糖 0.3 克 大米 50 克，葡萄干 5 克
面粉 10 克，黄油 6 克，鸡蛋 5 克，白糖 2 克 草莓 80 克 牛奶 200 克 绿豆 6 克，冰糖 3 克	蒸南瓜／38 火龙果／38 冰糖银耳水／38 牛奶／38	南瓜 25 克 火龙果 100 克 冰糖 3 克，银耳 2 克 牛奶 200 克	蒸山药／44 苹果／44 冰糖胡萝卜水／44 酸奶／44	山药 25 克 苹果 100 克 胡萝卜 15 克，冰糖 3 克 酸奶 100 克
豆制品 15 克，胡萝卜 25 克，土豆 25 克，豌豆 10 克，花生油 2 克，盐 1.5 克，白糖 0.5 克 面粉 40 克，小麦胚粉 3 克，番茄酱 4 克，可可粉 2 克，白糖 1 克 猪里脊丝 20 克，绿豆芽 10 克，胡萝卜 10 克，红柿子椒 5 克，香菇 5 克，花生油 3 克，盐 1.5 克，白糖 0.3 克 面粉 25 克，枣泥馅 10 克，猪油 2 克，蛋黄液 1 克 虾仁 15 克，胡萝卜 5 克，玉米粒 3 克，黄瓜 3 克，木耳 3 克，盐 1.5 克	羊肉白菜包子／38 莲子枣粥／39	面粉 60 克，羊肉馅 35 克，白菜 30 克，小麦胚粉 3 克，盐 2 克 大米 20 克，小枣（去核）10 克，莲子 5 克，冰糖 3 克	香芹炒饭／44 冬瓜球汆丸子汤／45	大米 45 克，香芹 30 克，胡萝卜 15 克，鸡蛋 20 克，火腿 10 克，花生油 5 克，盐 2 克 冬瓜 30 克，猪肉馅 10 克，枸杞 2 克，香菜 1 克，盐 2 克

奶制品	26.00	谷类及糕点	181.00	奶制品	2.00	谷类及糕点	133.00	奶制品	0.00
蛋类	51.00	豆类及豆制品	18.00	蛋类	35.00	豆类及豆制品	0.00	蛋类	40.00
糖类	16.00	蔬菜类	197.00	糖类	6.00	蔬菜类	201.00	糖类	8.00
肝类	0.00	水果类	170.00	肝类	0.00	水果类	170.00	肝类	30.00
鱼虾类	15.00	肉类及肉制品	40.00	鱼虾类	75.00	肉类及肉制品	65.00	鱼虾类	0.00
菌藻类	8.00	油脂类	12.00	菌藻类	5.00	油脂类	10.00	菌藻类	15.00
豆浆豆奶	0.00	鲜奶酸奶	302.00	豆浆豆奶	0.00	鲜奶酸奶	300.00	豆浆豆奶	0.00

一、平均每人每日进食量表

食物类别	数量（克）
细粮	161.70
杂粮	4.80
糕点	3.00
干豆类	7.20
豆制品	18.60
蔬菜总量	203.60
水果	163.40
乳类	9.00
鲜奶、酸奶	280.00
豆浆、豆奶	0.00

食物类别	数量（克）
蛋类	38.60
肉类	61.20
肝	6.00
鱼	28.40
糖	9.70
食油	15.40
调味品	5.42
菌藻类	13.00
干果	9.00

二、营养素摄入量表

［要求日托儿童每人每日各种营养素摄入量占 DRIs（平均参考摄入量）的 75% 以上，混合托占 80% 以上，全托占 90% 以上］

	热量		蛋白质	脂肪	视黄醇当量	维生素 B_1	维生素 B_2	维生素 C	钙	锌	铁
	（千卡）	（千焦）									
平均每人每日	1462.749	6120.142	55.132	34.773	949.780	0.748	0.895	68.893	728.932	8.489	12.669
平均参考摄入量	1519.290	6356.709	52.580		591.650	0.690	0.690	69.160	783.290	11.750	12.000
比较 %	96.3	96.3	104.9		160.5	108.5	129.7	99.6	93.1	75.3	105.6

三、热量来源分布表

		脂肪		蛋白质	
		要求	现状	要求	现状
摄入量	（千卡）		508.641		220.530
	（千焦）		2128.154		922.696
占总热量 %		30～35	34.8	12～15	15.1

四、蛋白质来源分布表

	优质蛋白质		
	要求	动物性食物	豆类
摄入量（克）	–	25.246	4.183
占蛋白质总量 %	≥50%	45.8	7.6

五、配餐能量结构表

	标准	平均	星期一	星期二	星期三	星期四	星期五
早餐（%）	25～30	17.01	221.35/15.08	178.10/11.24	259.30/15.82	224.83/16.65	360.33/28.32
加餐（%）		6.83	105.27/7.17	104.62/6.61	107.16/6.54	115.08/8.52	67.11/5.27
午餐（%）	35～50	27.42	412.15/28.08	363.53/22.95	459.06/28.00	399.31/29.58	371.53/29.20
午点（%）		17.32	309.30/21.07	305.45/19.28	306.33/18.68	202.71/15.01	143.00/11.24
晚餐（%）	20～30	31.42	419.58/28.59	632.23/39.92	507.69/30.97	408.14/30.23	330.57/25.98
全天（千卡）			1467.66	1583.94	1639.54	1350.08	1272.53
全天（千焦）			6140.67	6627.21	6859.82	5648.73	5324.28

夏季

鹅卵包

- 主料：面粉30克，小麦胚粉3克
- 配料：豆沙馅10克，果脯10克
- 做法：

1 将面粉、小麦胚粉和适量的水和成面团后备用。

2 把面团揪成若干个小剂子，擀成面皮，分别包入豆沙馅。

3 果脯斩成碎粒，粘在面团上，放入蒸锅，蒸制30分钟后出锅即可。

温馨提示

面团沾水后，再滚上果脯粒，这样果脯粒容易附着在面团表面。

营养分析

小麦含有淀粉、蛋白质、卵磷脂、矿物质、钙、铁、维生素A、维生素 B_1、维生素 B_2 及烟酸等，有增强记忆、养心安神、除热、利小便、润肺燥的功效。

主料： 白菜 40 克

配料： 鸡蛋 15 克，木耳 7 克

调料： 花生油 2 克，盐 1.5 克，水淀粉、葱末、姜末、香油适量

做法：

1 选择新鲜白菜，去老帮儿，洗净，切成菱形片备用。

2 木耳用温水泡开，去根，洗净，切片；鸡蛋打散备用。

3 锅中放入花生油，将鸡蛋液摊成蛋皮，切成菱形片备用。

4 锅中放入花生油，煸炒葱、姜末出香味，放入白菜片翻炒，炒至七成熟时放入木耳片、调料和鸡蛋片，最后勾上适量水淀粉，淋入香油出锅即可。

温馨提示

用鸡蛋液摊蛋皮时，少放油。

营养分析

木耳含有丰富的 B 族维生素、磷、钙、铁等，有清胃涤肠、通便的功效。

素烧黑白黄

主料： 大米 15 克

配料： 绿豆 7 克

调料： 冰糖 3 克

做法：

1 先把绿豆用温水浸泡 3 小时后备用。

2 大米洗净，与泡好的绿豆一同放入开水锅中，大火煮制，待完全成熟后关火。

3 把煮好的绿豆粥放入冰糖，待完全溶开后，搅匀即可。

温馨提示

绿豆要提前用温水浸泡数小时，煮制时容易熟烂。

营养分析

绿豆含有丰富的蛋白质、维生素 B_1、维生素 B_2、钙、铁等，有抗菌抑菌、清热解毒的功效。

绿豆粥

加餐

香蕉
（65 克）

酸奶
（100 克）

冰糖梨水
（梨 15 克，冰糖 3 克）

二丝木耳汤

- 主料：土豆10克，胡萝卜10克
- 配料：鸡蛋8克，木耳5克
- 调料：盐1.5克，胡椒粉、水淀粉、香油适量
- 做法：

1 土豆和胡萝卜去皮、切丝；木耳水泡发后去根，洗净，切丝；鸡蛋打散备用。

2 土豆丝、胡萝卜丝、木耳丝下开水锅焯烫后，控干水分备用。

3 汤锅中放入适量的水，烧开后放入盐和胡椒粉调味，勾入水淀粉，放入原料，打入鸡蛋液，淋上香油出锅即可。

温馨提示
土豆切丝后，用凉水淘洗后再使用，可去除部分淀粉，增加爽脆的口感。

营养分析
木耳含有丰富的维生素、钙、磷、铁等，有健脾消食、补肝明目、清热解毒的功效。

山楂糕米饭

- 主料：大米50克
- 配料：山楂糕10克
- 做法：

1 山楂糕切成碎备用。

2 将大米洗净，放入容器中，加入水。

3 将切好的山楂糕洗净，均匀地撒在大米上，铺满表面。

4 上锅蒸40分钟后，成熟即可。

温馨提示
山楂糕切好后，要在米饭稍凉后再放入，口感更好。

营养分析
山楂糕含有丰富的维生素C、苹果酸、柠檬酸、钙、磷等，有开胃消食、化痰止痢、活血化瘀的功效。

主料：猪排骨65克

配料：魔芋15克

调料：花生油2克，白糖1克，盐1克，老抽1克，料酒、葱段、姜片、蒜瓣、花椒、大料、香叶、桂皮适量

做法：

1 猪排骨洗净，切小块，冷水下锅，烧开，撇去浮沫；魔芋切小块备用。

2 将花椒、大料、香叶、桂皮用纱布包成料包。

3 锅中放入花生油，略热放入白糖，炒糖色，待糖炒至棕红色时，放入焯好的排骨和葱段、姜片、蒜瓣一起煸炒，猪排骨上色后烹入料酒，放老抽、水、料包。

4 大火烧开后，改小火炖45分钟，放入盐、魔芋块再炖制30分钟后即可出锅。

温馨提示

炒制糖色时，要用小火，以免炒煳，影响口感。

营养分析

猪排骨含有丰富的蛋白质、脂肪、B族维生素、钙、铁、磷、烟酸等，有增强体力、消除疲劳、美肤补血的功效。

魔芋排骨

主料：土豆40克

配料：菠萝20克，熟松子仁1克

调料：番茄酱3克，花生油2克，白糖2克，盐1克，水淀粉、蒜末适量

做法：

1 土豆洗净，去皮，切块；菠萝去皮，切块，用盐水浸泡备用。

2 锅内放入适量的水，水开后下入土豆块，焯烫，过凉后，捞出，控干水分备用。

3 锅中放入花生油，放入番茄酱煸炒出红油后，放入蒜末煸透，加入少许水，烧开后放白糖、盐调味，再用水淀粉勾芡后，倒入土豆块、菠萝块和熟松子仁，翻炒均匀出锅即可。

温馨提示

菠萝切块后，要用盐水浸泡，去除涩味，增加甜度。

营养分析

菠萝含有丰富的有机酸、维生素C、胡萝卜素、维生素B_1、钙、铁、镁等，有清热解渴、消食除腻、止泻利尿消肿的功效。

香素咕咾肉

午点

开口笑

▥ 主料：面粉 10 克

▥ 配料：鸡蛋液 5 克，花生油 3.5 克，白糖 3 克，熟芝麻 2 克，小苏打适量

▥ 做法：

1 将白糖和花生油 1.5 克搅拌均匀，与面粉、小苏打、鸡蛋液和成油面团。

2 把面团揪成若干个小剂子，搓圆，表面沾水，滚上熟芝麻。

3 油锅烧热，放入面团炸至金黄色即可。

西瓜

（100 克）

牛奶

（200 克）

冰糖山楂水

（冰糖 3 克，山楂干 2 克）

星期一晚餐

地三鲜

- 主料：茄子 30 克，土豆 30 克
- 配料：柿子椒 10 克
- 调料：花生油 3 克，盐 1.5 克，白糖 0.5 克，葱末、姜末、蒜末、老抽、水淀粉、香油适量
- 做法：

1　茄子洗净，切块；土豆洗净，去皮，切块；柿子椒洗净，切成三角形的片备用。

2　锅中放入花生油，烧至六成热，放入茄子块炸透，再放入土豆块，炸至金黄色，捞出备用。

3　锅中放入花生油，煸炒葱、姜、蒜末后，放入调料和少许水，待锅烧开后，勾入水淀粉，和主、配料一起翻炒，出锅淋入香油即可。

温馨提示
柿子椒要最后放入，缩短加热的时间，口感更脆，颜色更绿。

营养分析
茄子含有维生素 A、B 族维生素、维生素 C、蛋白质等，有清热、凉血、消肿止痛的功效。

鱼米之乡

- 主料：草鱼 50 克
- 配料：玉米粒 10 克，豌豆 10 克
- 调料：花生油 3 克，蛋清 2 克，盐 1.5 克，料酒、葱末、姜末、淀粉、水淀粉、香油适量
- 做法：

1　草鱼去鳞、鳃、内脏后，洗净，去骨，取肉，切小粒，剁成泥，放入盐、料酒、蛋清、淀粉和成鱼肉浆备用。

2　玉米粒、豌豆洗净，焯水备用。

3　锅中放入花生油，待油温烧至三成热后，用漏勺下入鱼肉浆，滑熟后捞出备用。

4　锅中放入花生油，煸炒葱、姜末出香味，依次下入主、配料，大火翻炒，放入调料，勾入水淀粉，出锅前淋入香油即可。

温馨提示
下鱼肉浆时，要控制好油温，不宜过大，否则会将鱼丁上色，色感不白。

营养分析
草鱼含有丰富的不饱和脂肪酸、硒、B 族维生素、磷、钙、铁等，有促进心肌、骨骼生长、开胃滋补、养颜的功效。

佛手

- 主料：面粉 30 克，小麦胚粉 3 克
- 配料：豆沙馅 10 克，奶粉 2 克，酵母适量
- 做法：

1 将面粉、小麦胚粉和奶粉混合，加入酵母和成面团。

2 把面团揪成若干个小剂子，擀成面皮，包入豆沙馅，
  用手压扁，在2/3处用刀划4～5刀，推成手的形状。

3 放入蒸锅，蒸30分钟后即可。

温馨提示
制作佛手时，刀口不宜过深，以免影响菜点外形美观。

营养分析
豆沙馅含有丰富的蛋白质、碳水化合物、维生素 B_1、
维生素 B_2、钙、铁等，有健脾止泻、利水消肿的功效。

玉米面窝头

▨ 主料：玉米面 20 克，面粉 5 克，小麦胚粉 3 克

▨ 配料：豆粉 2 克，白糖 2 克，酵母适量

▨ 做法：

1 用温水冲开酵母，倒入玉米面、面粉、小麦胚粉、白糖、豆粉一起和成面。

2 将面团揪成若干个小剂子，团成窝头的形状。

3 上锅蒸 30 ～ 40 分钟成熟即可。

温馨提示

和窝头面时，要放入适量的水，不要过多或过少，以免影响成品外形美观和口感。

营养分析

玉米面含有丰富的蛋白质、碳水化合物、膳食纤维、磷、钾、钠等，有利尿降压、助消化、增强人体新陈代谢的功效。

碧菠粥

▨ 主料：大米 15 克

▨ 配料：菠菜 15 克

▨ 调料：盐 1 克

▨ 做法：

1 菠菜洗净，开水焯烫后，凉水过凉，控干水分，切碎备用。

2 将大米洗净，放入开水锅中，煮至开花后，改小火。

3 小火煮制 30 分钟后，放入切好的菠菜碎，再放入盐调味即可。

温馨提示

菠菜先焯水，去除草酸后再用，放入锅中煮制的时间不宜过长。

营养分析

菠菜含有丰富的维生素 C、胡萝卜素、铁、钙、磷等，有利五脏、通血脉、止渴润肠、补血、止血的功效。

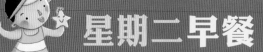 星期二早餐

三丝粥

▨ 主料：大米15克

▨ 配料：胡萝卜7克，土豆7克，木耳5克

▨ 调料：盐1克，香油适量

▨ 做法：

1 把胡萝卜、土豆洗净、去皮，木耳凉水泡发、去根、洗净，3种配料切丝后备用。

2 大米洗净，放入开水锅中，煮至成熟后，放入切好的3种丝。

3 待粥和菜完全成熟后，放入盐调味，出锅前淋入香油即可。

温馨提示
粥里的土豆丝和胡萝卜丝焯水后再用，效果更佳。

营养分析
土豆含有丰富的膳食纤维、B族维生素、维生素C、钙、铁、钾、锌等，有益气健脾、解毒去暑的功效。

麻酱糖火烧

主料：面粉 20 克，小麦胚粉 3 克

配料：芝麻酱 10 克，红糖 8 克，花生油 2 克，酵母适量

做法：

1. 面粉、小麦胚粉和酵母和成面团，芝麻酱、红糖、花生油与面团混合均匀，和成糖酱面团。

2. 把面团揪成若干个小剂子，团成团儿，放入烤箱。

3. 烤箱上火 200℃、底火 190℃，烤制 25 分钟即可。

温馨提示

揉面团时，手要顺着一个方向反复揉搓，这样面团的层次更多。

营养分析

红糖含有丰富的钙、磷、钾、镁、铁等，有促进血液循环、化瘀止痛、增强能量的功效。

酱肘花

主料：猪前肘 40 克

配料：老抽 2 克，盐 1.5 克，白糖 1 克，腐乳、葱姜水、花椒、大料、桂皮、香叶、料酒适量

做法：

1. 选用新鲜猪前肘，洗净，去骨，用少许盐、料酒、葱姜水腌渍 1 小时备用。

2. 把猪前肘用棉绳绑好，放入冷水锅中，开锅后撇去浮沫，依次放入调料，中小火炖制 90 分钟即可。

3. 等肘子放凉后，切成肘花即可。

温馨提示

肘子在酱制前，要用火烧去猪皮表面的细毛，烧时注意不要让猪皮烧焦，以免致癌。

营养分析

猪肘含有丰富的蛋白质、脂肪、B 族维生素、钙、磷、铁、烟酸等，有美容养颜、消除疲劳、滋阴润燥、健脾益气的功效。

加餐

 火龙果
（65 克）

 酸奶
（100 克）

 冰糖菜根水
（芹菜 5 克，白萝卜 5 克，胡萝卜 5 克，冰糖 3 克）

星期二午餐

蜜烤翅中

■ 主料：鸡翅中60克

■ 调料：柱候酱5克，海鲜酱5克，蒜瓣3克，蜂蜜1克，花生油适量

■ 做法：

1 鸡翅中洗净，用冷水浸泡5小时捞出，沥出水分待用；蜂蜜加少量的水调稀，制成蜂蜜水备用。

2 蒜瓣切蓉，与柱候酱、海鲜酱搅拌均匀，放入鸡翅中腌渍10小时以上，摆入烤箱，上火190℃、底火200℃，烤制10分钟后，刷上蜂蜜水，再烤15分钟。

3 取出烤盘，在鸡翅表面刷一层花生油，再入烤箱，烤制5分钟左右即可。

温馨提示

烤鸡翅中要在最后出烤箱前，少刷一层薄油，再烤几分钟，有助于烤干鸡翅中表面的水分，口感更佳。

营养分析

鸡翅中含有丰富的蛋白质、脂肪、钙、铁、钾等，有益气养血、强筋健骨的功效。

绿豆米饭

■ 主料：大米50克

■ 配料：绿豆10克

■ 做法：

1 绿豆用温水浸泡3小时后备用。

2 将大米洗净，放入容器，加上水。

3 将泡好的绿豆洗净，均匀地撒在大米上，铺满表面。

4 上锅蒸40分钟，成熟即可。

温馨提示

绿豆要提前用温水浸泡数小时。

营养分析

绿豆含有丰富的蛋白质、维生素 B_1、维生素 B_2、钙、铁等，有抗菌抑菌、清热解毒的功效。

三珍腰花

- 主料：油菜 50 克，香菇 15 克
- 配料：魔芋腰花 15 克
- 调料：花生油 2 克，盐 1.5 克，蒜片、料酒、水淀粉、香油、白糖适量
- 做法：

1 香菇洗净，切片；油菜择好，洗净，改刀；魔芋腰花从中间一切两半备用。

2 锅放宽水，烧开后放入油菜，焯水，再过冷水后，控干水分备用。

3 锅中放入花生油，煸炒蒜片出香味，放入香菇片，烹入料酒，再放入魔芋腰花和油菜翻炒。

4 下入调料，勾少许水淀粉，淋入香油即可。

温馨提示
油菜在制作前要先焯水、过冷水，焯水时在锅中少点点儿油，色泽更佳。

营养分析
油菜含有丰富的膳食纤维、钙、钾、铁、维生素 A、维生素 C 等，有降血脂、解毒消肿、宽肠通便的功效。

番茄鸡蛋鱼丸汤

- 主料：番茄 20 克
- 配料：鸡蛋 10 克，鱼丸 5 克
- 调料：盐 1.5 克，水淀粉、香油适量
- 做法：

1 番茄洗净，切碎备用。

2 鱼丸切片，鸡蛋打散备用。

3 锅中放入适量的水，烧开后放入番茄碎、鱼丸和盐调味，勾入水淀粉，洒入鸡蛋液，出锅前淋入香油即可。

温馨提示
汤中放水淀粉时，要小火放入，待水淀粉成熟后，再改大火，放入鸡蛋液。

营养分析
番茄含有丰富的蛋白质、维生素 A、维生素 C、胡萝卜素、钙、磷、钾等，有降血压、抗血凝、防癌抗癌的功效。

午点

棋格饼干

▥ 主料：面粉10克，黄油2克

▥ 配料：白糖3克，可可粉1克

▥ 做法：

1 将面粉、黄油、水和白糖混合，揉成面团后，平均分成两个面团，把其中一块面团加入可可粉揉匀。

2 把两个团面分别擀成5毫米厚的片，再切成见方的长条。

3 按不同的颜色码放好，也可以做出自己喜欢的图案，切成5毫米厚的小块。

4 上烤箱烤，上火180℃、底火170℃，烤制15分钟即可。

苹果

（100克）

牛奶

（200克）

冰糖菊花水

（冰糖3克，菊花2克）

星期二晚餐

小比萨饼

- 主料：面粉 50 克，奶粉 5 克，黄油 5 克，小麦胚芽粉 5 克
- 配料：火腿 10 克，柿子椒 7 克，洋葱 5 克，菠萝 5 克
- 调料：番茄沙司 7 克，沙拉酱 5 克，酵母适量
- 做法：

1 将主料和酵母和成面团，搁置 30 分钟后备用；柿子椒、洋葱、菠萝洗净，洋葱、菠萝去皮备用。

2 把面团揪成若干个小剂子，压成饼状，所有配料切成小末，与番茄沙司、沙拉酱搅拌均匀。

3 把搅拌好的配料均匀地抹在面饼上，上烤箱，上火 180℃、底火 190℃，烤制 30 分钟后即可。

温馨提示
馅料不宜过长时间放置，以免影响成品品质。

营养分析
火腿含有丰富的蛋白质、脂肪、烟酸、钾、磷等，有生津开胃的功效。

八宝粥

- 主料：大米 5 克，小米 5 克，糯米 5 克，紫米 2 克
- 配料：红豆 2 克，绿豆 2 克，红芸豆 2 克，小枣（去核）2 克
- 调料：白糖 2 克
- 做法：

1 把主料放在一起，洗净后备用。

2 红豆、绿豆、红芸豆用凉水浸泡 3 个小时，再与主料一同放入开水锅中，大火煮制。

3 待米都开花、漂起后，改小火再煮大约 90 分钟后，放入小枣和白糖即可。

温馨提示
煮粥前要把所有的米、豆长时间浸泡，煮制时容易熟烂。

营养分析
此粥含有丰富的豆类蛋白质、钙、钾、镁、维生素 C 等，有降低胆固醇、防癌抗癌、补钙、健脑的功效。

法风烧饼

- 主料：面粉 25 克，黄油 8 克
- 配料：牛奶 20 克，火腿 10 克，生菜 5 克，糖粉 4 克，沙拉酱 4 克，蛋液 2 克，芝麻 1 克，盐 0.5 克
- 做法：

1. 将面粉、黄油、糖粉和盐混合，加入牛奶和成清酥面。

2. 将清酥面擀成 4 毫米厚的片，切成长 6 厘米、宽 3 厘米的长方形片。

3. 将切好的面片向中间对折，上面涂匀蛋液，撒上适量的芝麻，入烤箱烤制，上火 190℃、底火 180℃，烤 15 分钟。

4. 火腿切片，煎熟；生菜洗净，撕成大片；放入烧饼内，加入沙拉酱即可。

温馨提示
制作面皮时，要借助冰箱的冷藏功能，增强面皮的层数，以免面芯软化。

营养分析
此点含有丰富的脂肪、蛋白质、B 族维生素、烟酸、铜、锌等，有健脾开胃、生津益血、固骨髓、健足力、愈合创口的功效。

芝麻盐水鸭肝

- 主料：鸭肝 25 克
- 配料：熟芝麻 3 克
- 调料：盐 2 克，鲜味酱油 1 克，料酒、葱段、姜片、花椒、大料适量
- 做法：

1 鸭肝用冷水浸泡 2 小时，泡出血水后，捞出备用。

2 鸭肝冷水下锅，待开锅后捞出，撇去浮沫，下入调料，中小火煨 6 ～ 7 分钟，关火盖上锅盖，焖 40 分钟后捞出。

3 将熟鸭肝切碎后，淋入鲜味酱油，撒上熟芝麻即可。

温馨提示
清洗鸭肝时，小心去除苦胆。

营养分析
鸭肝含有丰富的铁、锌、钙、维生素、蛋白质等，有补肝明目、养血、保护视力的功效。

绿茶粥

- 主料：大米 20 克
- 配料：绿茶 1 克
- 调料：冰糖 1.5 克
- 做法：

1 把绿茶、冰糖用纱布包好备用。

2 大米洗净，开水放入锅中，大火煮至完全成熟后关火。

3 将绿茶冰糖包放入煮好的粥里，浸泡 1 小时后取出纱布包即可。

温馨提示
绿茶包在煮制前要先用温水泡一下，然后再放入粥中。

营养分析
绿茶含有丰富的氟、茶多酚、维生素 C、维生素 E 等，有降血压、血脂、抗氧化、防辐射、抗肿瘤、增强免疫力的功效。

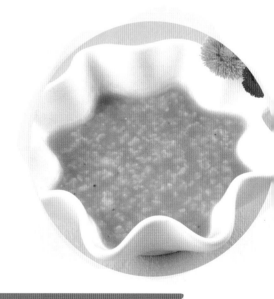

加餐

奶酪
（20 克）

橘子
（65 克）

冰糖苹果水
（苹果 15 克，冰糖 3 克）

星期三午餐

凤眼丸子

- 主料：鸡胸肉 30 克，鹌鹑蛋 30 克，西蓝花 10 克
- 调料：盐 1.5 克，料酒、水淀粉、葱末、姜末适量
- 做法：

1 鸡胸肉斩成蓉，加葱末、姜末、料酒、盐搅匀；西蓝花洗净，掰成小朵，焯水后备用。

2 将鹌鹑蛋煮熟，去壳，裹上鸡蓉，再上蒸锅蒸 20 分钟，成熟后对半切开，与西蓝花码盘备用。

3 将锅中放入适量的水，再放入调料调味，勾入适量水淀粉，制成薄芡，淋在丸子和西蓝花上即可。

温馨提示
鹌鹑蛋煮好后，要用热油炸一下，这样更容易包入馅料中。

营养分析
鹌鹑蛋含有丰富的蛋白质、脂肪、维生素 A、维生素 B_1、维生素 B_2、钙、磷、铁等，有消肿、益中补气、补益五脏、壮筋骨的功效。

碎金饭

- 主料：大米 50 克
- 配料：玉米渣 10 克
- 做法：

1 玉米渣用温水浸泡 1 小时后备用。

2 将大米洗净，放入容器中，加上适量的水。

3 将泡好的玉米渣洗净，均匀地撒在大米上，铺满表面。

4 上锅蒸 40 分钟，成熟即可。

温馨提示
玉米渣选用颗粒略粗的口感更佳。

营养分析
玉米渣含有丰富的碳水化合物、膳食纤维、磷、钾等，有利尿降压、止血止泻、助消化、增强新陈代谢的功效。

素烧三鲜

- 主料：小白菜 50 克
- 配料：鸡蛋 25 克，木耳 10 克
- 调料：花生油 3 克，盐 1 克，白糖 0.3 克，水淀粉、香油、蒜末适量
- 做法：

1 小白菜洗净，切段；鸡蛋打散，摊熟；木耳泡发后，去根、洗净，切成片备用。

2 小白菜段开水下锅，焯水后，控干水分备用。

3 锅中放入花生油，煸炒蒜末，下入小白菜段、木耳片、鸡蛋、适量的水和调料，大火烧开后，勾入水淀粉，淋上香油即可。

温馨提示
小白菜中含有大量草酸，制作前要先焯一下水，去除草酸。

营养分析
小白菜含有丰富的膳食纤维、维生素 B_1、维生素 B_2、烟酸等，有消肿散结、通利胃肠的功效。

火腿豌豆鲜贝汤

- 主料：豌豆 10 克，鲜贝 10 克
- 配料：火腿 5 克，鸡蛋 5 克
- 调料：盐 1 克，水淀粉、香油适量
- 做法：

1 火腿切碎；鲜贝洗净，切片备用。

2 豌豆洗净，鸡蛋打散备用。

3 锅中放入适量的水，烧开后放入豌豆、火腿碎、鲜贝片和盐调味，勾入水淀粉，洒入鸡蛋液，出锅前淋入香油即可。

温馨提示
鲜贝加热时间要短，否则煮过头，肉质收缩，容易变硬，影响口感。

营养分析
鲜贝含有丰富的蛋白质、脂肪、维生素 B_1、维生素 B_2、钙、磷、镁、铁等，有养生健脑、强智补肾的功效。

午点

奶香甜玉米

- 主料：玉米 25 克
- 配料：牛奶 20 克
- 做法：

1 玉米切段后备用。

2 牛奶煮开后，放入玉米，煮至成熟。

3 成熟后的玉米在牛奶中浸泡 30 分钟即可。

 哈密瓜（100 克）

 冰糖绿豆水（绿豆 6 克，冰糖 3 克）

 牛奶（180 克）

星期三晚餐

吉利玉兔

- 主料：面粉 35 克，奶粉 5 克
- 配料：枣泥馅 3 克，葡萄干 2 克，酵母、红柿子椒适量
- 做法：

1. 将面粉、奶粉、酵母和成面团后备用；红柿子椒洗净，切成小粒备用。
2. 把面团揪成若干个小剂子，捏成面皮，包入枣泥馅和葡萄干，包成椭圆形。
3. 将椭圆形面球 1/3 处剪出 2 个兔耳朵，用红柿子椒粒做眼睛，上蒸锅蒸制 25 分钟即可。

温馨提示
做好的兔子面团不宜搁置时间过长，否则蒸出的兔子会发得很大，影响外形美观。

营养分析
葡萄干含有丰富的碳水化合物、钙、铁、钾、镁等，有除烦、利尿的功效。

核桃派

- 主料：面粉 30 克，黄油 15 克，小麦胚粉 3 克
- 配料：核桃仁 10 克，牛奶 7 克，白糖 5 克
- 做法：

1. 将锅中放入 1/3 的黄油，溶化后，加核桃仁翻炒 2 分钟后，加入牛奶和一半的白糖继续炒，熬干即可做成馅料。
2. 将面粉、小麦胚粉、适量的水、剩下的黄油和白糖混合，揉成面团后，擀成 2 毫米厚的面皮，做成塔胚。
3. 在塔胚中放入八成满的馅料，入烤箱烤制，上火 170℃、底火 190℃，烤 30 分钟即可。

温馨提示
炒核桃仁时，要微火慢炒，否则糖煳了会有苦味。

营养分析
核桃仁含有丰富的蛋白质、脂肪、叶酸、胡萝卜素、钙、磷等，有健胃补血、润肺养神、健脑补气的功效。

主料：菜花 60 克

配料：泥肠 20 克，豌豆 5 克，玉米粒 5 克

调料：花生油 2 克，盐 1 克，葱末、姜末、水淀粉、香油、白糖适量

做法：

1 菜花洗净，用手掰成小朵，用盐水浸泡 10 分钟，冲洗干净；泥肠切片；豌豆、玉米粒洗净备用。

2 锅放水，水开后，下入菜花，焯水后，捞出，过凉水后备用。

3 锅中放入花生油，煸炒葱、姜末，下入泥肠片翻炒，待泥肠片膨胀后，放入菜花、豌豆、玉米粒翻炒，下入调料炒匀，勾入水淀粉，淋入香油出锅即可。

温馨提示

菜花在炒制前，要先用开水焯烫。

营养分析

菜花含有丰富的蛋白质、膳食纤维、维生素 A、B 族维生素、维生素 C、钙、磷、铁等，有提高机体免疫力、保护血管韧性、保护视力、抗癌的功效。

泥肠炒菜花

主料：竹笋 60 克

配料：葱油 2 克，老抽 2 克，盐 1.5 克，白糖 1 克，水淀粉适量

做法：

1 竹笋洗净，切条，开水下锅，焯烫后，控干水分备用。

2 锅中下入葱油、盐、老抽、白糖和适量的水，烧开后调味，放入水淀粉，勾芡后，倒入竹笋条，翻炒均匀即可。

温馨提示

制葱油的过程：先将葱洗净，切大段，拍一下，下入温油中，小火慢炸至金黄色，浸泡 30 分钟，取出葱段，制成葱油。

营养分析

竹笋含有丰富的 B 族维生素、维生素 C、维生素 E、钙、磷、钾等，有滋阴凉血、清热化痰、利尿通便、养肝明目的功效。

酱汁竹笋

主料：大米 15 克

配料：银耳 5 克，枸杞 2 克

调料：冰糖 3 克

做法：

1 将枸杞用热水泡一下；银耳水发后备用。

2 大米洗净，开水放入锅中，大火煮开后，放入发好的银耳，再煮至完全成熟。

3 在煮好的粥里，放入枸杞和冰糖，待冰糖完全溶化后即可。

温馨提示

煮粥前，要先用温水浸泡一下枸杞，以利于成品美观。

营养分析

银耳含有丰富的蛋白质、氨基酸、碳水化合物、钙、磷、铁等，有益气安神、养胃清肠、降血脂、美容抗癌的功效。

枸杞银耳粥

雪里蕻焖豆芽

- 主料：绿豆芽20克，雪里蕻20克
- 配料：红柿子椒1克
- 调料：花椒油1克，盐1克，葱丝、姜丝、料酒适量
- 做法：

1 雪里蕻洗净，切成2厘米长的段；绿豆芽择洗干净，开水下锅，焯水后，捞出过凉；红柿子椒洗净，切丝备用。

2 锅中放入花椒油烧热，放入葱、姜丝炝炒，放入雪里蕻炒至变色，烹入料酒，再放入绿豆芽焖透，最后放入红柿子椒丝和盐翻炒，见汁将要干时，淋入花椒油出锅即可。

温馨提示
雪里蕻清洗时，要先去根，再反复搓洗，去净沙子，以免影响口感。

营养分析
绿豆芽含有蛋白质、膳食纤维、维生素A、B族维生素、维生素C、钙、磷、铁等，有清热解火、去痰除湿、利尿通便、凉血止血、降脂降压的功效。

红糖油饼

主料：低筋面粉 35 克，自发粉 5 克

配料：花生油 7 克，红糖 5 克

做法：

1. 把低筋面粉和自发粉掺在一起，留下 1/3 的量，其余用 35℃温水和成面团后，搁置 30 分钟。

2. 红糖用温水调开，放入余下的面，和匀，再搁置 30 分钟，制成红糖面。

3. 面板上涂少许花生油，将发好的面团揪成若干个小剂子，红糖面也揪成同样份数的剂子，放在面团上擀成圆形，在中间划几下，下入六成热的油锅炸至成熟即可。

温馨提示

炸油饼时，要控制好油温，有红糖的一面尽量朝上，以免糖炸糊了，有苦味，影响口感。

营养分析

红糖含有丰富的钙、钾、磷、镁、铁等，有促进血液循环、活血化瘀的功效。

豆腐脑

主料：嫩豆腐 60 克

配料：鸡蛋 8 克，木耳 5 克，香菇 2 克，黄花菜 2 克

调料：生粉 3 克，老抽 2 克，盐 1.5 克，葱末、姜末、蒜末、花椒油适量

做法：

1. 木耳、香菇、黄花菜水发后，木耳、香菇切丝，黄花菜切段；鸡蛋打散备用。

2. 锅内放入花椒油，煸炒葱、姜、蒜末出香味后，放入木耳丝、香菇丝、黄花菜段，再加入适量的水，烧开后用老抽、盐调味、调色，勾入生粉，开锅后均匀洒入鸡蛋液成蛋花，制成卤汁。

3. 嫩豆腐加热后，浇上卤汁即可。

温馨提示

制作卤汁，将水淀粉下锅时，火要调小，及时搅拌，否则容易结成小疙瘩。

营养分析

豆腐含有钙、铁、磷、蛋白质、碳水化合物等，有降低胆固醇、抗氧化、加速新陈代谢的功效。

 加餐

 荔枝 (65 克)

 酸奶 (100 克)

 冰糖荸荠水 (荸荠 15 克，冰糖 3 克)

星期四午餐

松子仁米饭

■ 主料：大米 50 克

■ 配料：松子仁 10 克

■ 做法：

1 松子仁用烤箱 140℃烤 20 ~ 25 分钟备用。

2 将大米洗净，放入容器，加上水，上锅蒸 40 分钟
至成熟。

3 将烤好的松子仁均匀地撒在米饭上，铺满表面即可。

温馨提示
烤松子仁时，要时常翻动一下，以免烤煳。

营养分析
松子仁含有蛋白质、碳水化合物、不饱和脂肪酸、钙、磷、铁等，有益气通便、润肺止咳、强身健体、健脑、
降血压等功效。

蔬菜肉卷

■ 主料：白菜叶 50 克

■ 配料：瘦猪肉馅 20 克

■ 调料：花生油 2 克，盐 1.5 克，鸡蛋 1 克，葱末、生抽、
蚝油、胡椒粉、白糖、醋、水淀粉适量

■ 做法：

1 瘦猪肉馅放入碗内，加入盐、生抽、蚝油、鸡蛋、葱末、
胡椒粉搅拌均匀。

2 白菜叶洗净，过开水烫软后，捞出过凉，取一片叶子包入
肉馅后卷起。依次操作，将卷好的肉卷上蒸锅，蒸 15 分
钟后取出。

3 锅中放入花生油，倒入调料，烧开后，勾入水淀粉，淋在
肉卷上，切块即可。

温馨提示
选用白菜叶时，要去掉老帮儿，焯水时间不宜过长，过水即可。

营养分析
白菜含有碳水化合物、蛋白质、维生素 A、钙、磷等，有解热解毒、防止便秘、防癌抗癌的功效。

72

鸡蛋炒平菇

主料：平菇 60 克

配料：鸡蛋 20 克

调料：花生油 4 克，葱 3 克，盐 1.5 克

做法：

1 平菇掰开洗净，开水下锅焯透，过凉后备用。

2 鸡蛋打散，葱切末备用。

3 锅中放入花生油，把鸡蛋炒熟后盛出，少下底油煸炒葱末，再放入平菇煸炒，最后放入鸡蛋和盐炒匀即可。

温馨提示

平菇焯水后，要控干水分再用。

营养分析

平菇含有蛋白质、碳水化合物、膳食纤维、B 族维生素、钾、钠、钙等，有滋养、补脾胃、降温邪、祛风、散寒、舒筋活络的功效。

青虾萝卜丝汤

主料：白萝卜 20 克

配料：青虾虾仁 10 克，香菜 3 克

调料：盐 1.5 克，水淀粉、香油适量

做法：

1 青虾虾仁洗净，去皮、去虾线，切段备用。

2 白萝卜洗净，擦丝；香菜洗净，切碎备用。

3 锅中放入适量的水，烧开后放入白萝卜丝、青虾虾仁和盐调味，勾入水淀粉，出锅前淋入香油撒上香菜碎即可。

温馨提示

制作青虾萝卜丝汤时，最后放入白萝卜丝，煮制时间不宜过长。

营养分析

白萝卜含有丰富的蛋白质、碳水化合物、维生素 A、钙、铜、锌、硒等，有补肾壮阳、化瘀解毒、益气滋阴、通络止痛、开胃化痰的功效。

午点

豆沙酥盒

主料：面粉 10 克，小麦胚粉 2 克

配料：豆沙馅 6 克，花生油 3 克，酵母适量

做法：

1 将面粉、小麦胚粉、酵母、少许花生油和水和成面团，揪出小剂子。

2 把小剂子擀成面皮后，用两个皮包入适量的豆沙馅，做成草帽形。

3 油锅五六成热时下入酥盒，炸熟即可。

梨
（100 克）

冰糖胡萝卜水
（胡萝卜 15 克，冰糖 3 克）

牛奶
（200 克）

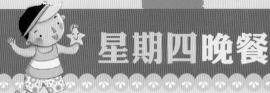

星期四晚餐

三鲜烧麦

- **主料**：面粉 35 克，小麦胚粉 3 克，奶粉 2 克
- **配料**：猪肉馅 20 克，虾仁 10 克，鸡蛋 10 克，玉米粒 2 克，花生油 2 克，酵母、胡椒粉、葱末、姜末适量
- **做法**：

1. 将虾仁去虾线，洗净，切成小粒；玉米粒洗净备用。
2. 鸡蛋打散，用花生油炒熟后放凉，与猪肉馅、虾仁、玉米粒，还有其他配料和成馅料。
3. 将主料和酵母和成面团，揪成若干个小剂子，擀成面皮，包入馅料，做成烧麦形状，上蒸锅蒸制30 分钟后即可。

温馨提示

烧麦皮的外边捏制成不规则的形状为佳。

营养分析

虾仁含有蛋白质、脂肪、B 族维生素等，有增强体力、消除疲劳、美肤补血、滋阴润燥、健脾益气的功效。

粉丝圆白菜

- 主料：圆白菜 30 克
- 配料：粉丝 5 克
- 调料：花生油 3 克，盐 1.5 克，葱花、蒜末、香油适量
- 做法：

1 粉丝用凉水泡透，切段后备用。
2 圆白菜洗净，切成 2 厘米长的丝备用。
3 锅中放入花生油，煸炒葱花、蒜末出香味后，放入圆白菜丝，炒至八成熟后，下入粉丝、盐炒匀，出锅前淋入香油即可。

温馨提示
粉丝用凉水浸泡更佳。

营养分析
圆白菜含有碳水化合物、维生素 C、膳食纤维等，有利五脏、壮筋骨、抑菌消炎的功效。

香菇花生莲子粥

- 主料：大米 10 克
- 配料：花生（带红衣）3 克，干香菇 2 克，莲子 2 克
- 调料：盐 1 克
- 做法：

1 干香菇用温水泡发，洗净，切成小丁；莲子用水泡开，煮熟，斩碎；大米洗净备用。
2 开水放入大米，煮至成熟后，放入配料和盐，再煮 5 分钟即可。

温馨提示
莲子首先要经过浸泡，变软后，除去绿色的莲芯，否则会有苦味。

营养分析
莲子含有蛋白质、碳水化合物、叶酸、维生素 C、维生素 E 等，有清心火、安神、补脾止泻、滋养补虚的功效。

 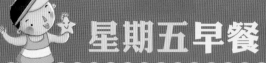

彩珠蛋糕

- 主料：鸡蛋50克，面粉10克
- 配料：白糖6克，奶油2克，巧克力彩珠、花生油适量
- 做法：

1 将鸡蛋、白糖一同放入打蛋器，打至发白后，放入面粉，搅匀，和成面糊。

2 烤盘底部刷上一层花生油，将面糊均匀地倒入烤盘，上烤箱上火180℃、底火190℃，烤制25分钟后，拿出烤箱，晾凉备用。

3 把奶油打发，抹在凉透的蛋糕表面，撒上巧克力彩珠即可。

温馨提示
撒巧克力彩珠时，要等蛋糕完全凉透，以免巧克力彩珠受热溶化。

营养分析
鸡蛋含有丰富的蛋白质、脂肪、维生素A、钙、磷等，有补充气血、提高智力的功效。

蚝油生菜

主料：生菜（圆）25 克

调料：花生油 2 克，生抽 2 克，蚝油 1 克，白糖 1 克，蒜末、水淀粉适量

做法：

1 生菜择去老叶，洗净，切开，下开水锅焯烫一下，马上捞出，过凉水后备用。

2 锅中放入花生油，煸炒蒜末出香味后，下入蚝油、白糖、生抽调好味后，放入生菜，淋入水淀粉，出锅装盘即可。

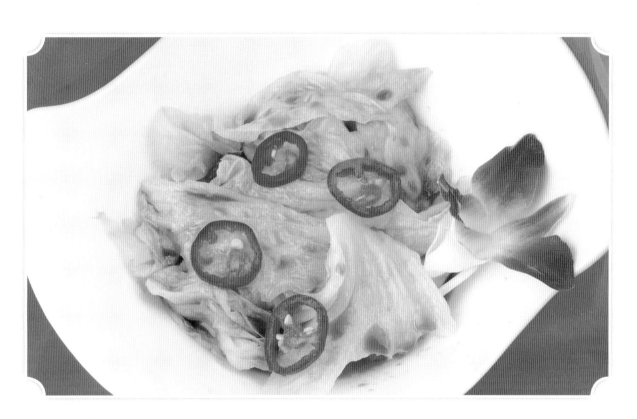

温馨提示

生菜焯水时间最好短一些，捞出后马上过冷水，这样才能保持菜品的颜色更美观，口感更爽脆。

营养分析

生菜含有丰富的蛋白质、维生素 C、多种矿物质元素等，有镇痛催眠、降低胆固醇的功效。

 牛奶
（200 克）

加餐

 琥珀桃仁
（核桃仁 10 克，白糖 3 克）

 橙子
（65 克）

 冰糖莲藕水
（莲藕 20 克，冰糖 3 克）

星期五午餐

葵花子米饭

- 主料：大米 50 克
- 配料：葵花子 10 克
- 做法：

1 葵花子用烤箱 140℃烤 20 ~ 25 分钟备用。
2 将大米洗净，放入容器内，加上适量的水。
3 上锅蒸 40 分钟，成熟后备用。
4 将烤好的葵花子均匀地撒在米饭上，铺满表面即可。

温馨提示
葵花子最好买生的，回来自己加工。

营养分析
葵花子含有丰富的不饱和脂肪酸、B 族维生素、维生素 E、钾、磷、钙、锌等，有安神催眠、护发的功效。

油焖大虾

- 主料：大虾 60 克
- 配料：番茄酱 7 克，花生油 5 克，白糖 3 克，盐 1 克，黄酒、白醋、葱段、姜片适量
- 做法：

1 大虾洗净，背部开约 1 厘米深的刀口，取出虾线，用布抹干水分。
2 锅中放入花生油，待油温达到六成热后，放入大虾，两面煎制表皮发红后，放入葱段、姜片煸出香味，烹入黄酒后，盖上锅盖，焖几十秒后，加入番茄酱、白糖、盐、白醋。
3 烧制锅内汤汁基本收干，出锅即可。

温馨提示
在虾的背部划一刀，将虾壳划开，取出虾线，这样焖制时有助于进味儿。

营养分析
大虾含有丰富的蛋白质、脂肪、维生素 A、钙、铜、锌、硒等，有补肾壮阳、养血固精、益气滋阳、开胃化痰的功效。

西芹百合

主料：西芹 50 克

配料：百合 5 克，红柿子椒 5 克

调料：盐 1.5 克，花生油 1 克，姜片、香油适量

做法：

1　西芹洗净，切成斜片，开水下锅，焯烫过凉后备用；百合掰开，洗净；红柿子椒洗净，切菱形片备用。

2　锅中放入花生油，煸炒姜片后，放入西芹片、百合、红柿子椒片和盐炒熟，淋入香油即可。

温馨提示

百合加热时间不宜过长，否则容易变黑。

营养分析

百合含有丰富的蛋白质、膳食纤维、多种维生素、钙、钾、锌等，有润肺止咳、宁心安神、美容养颜的功效。

香菇鸭块汤

主料：半片鸭 20 克

配料：香菇 7 克

调料：盐 1.5 克，葱末、香油适量

做法：

1　半片鸭洗净，切小块备用。

2　香菇洗净，切片备用。

3　锅中放入适量的水，冷水下锅放入鸭块，大火烧开，撇去浮沫后，改小火煨炖 60 分钟，放入香菇片和盐调味，煮熟出锅前，撒入葱末，淋入香油即可。

温馨提示

鸭块焯水后，可用凉水浸泡，口感更佳。

营养分析

鸭肉含有丰富的蛋白质、脂肪、维生素 A、维生素 E、钙、磷、钾等，有滋阴补血、清肺解热、大补虚劳的功效。

午点

螃蟹酥

▨ 主料：低筋面粉 10 克，高筋面粉 4 克

▨ 配料：起酥油 5 克，葡萄干 1 克，蛋液适量

▨ 做法：

1 将低筋面粉、高筋面粉、起酥油混合，加入适量的温水，揉成面团。

2 把面团分成两种大小不同的若干个剂子。

3 将大剂子擀成面片，小剂子搓成面条。

4 把 4 根面条放在面片上卷好，压一下；再把 4 根小面条的顶端切成爪子状。

5 将葡萄干按压在面片上当做眼睛，在面坯表面刷好蛋液，上烤箱烤，上火 190℃、底火 180℃，烤 25 分钟即可。

桃
(100 克)

酸奶
(100 克)

冰糖绿豆水
(绿豆 6 克，冰糖 3 克)

星期五晚餐

日式叉烧饭

主料：大米 40 克

配料：叉烧肉 10 克，胡萝卜 5 克，豌豆 5 克，玉米粒 5 克，香菇 3 克

调料：花生油 3 克，盐 1.5 克

做法：

1 大米洗净，上蒸锅蒸成稍微硬一些的米饭，放凉备用；豌豆、玉米粒洗净备用。

2 胡萝卜、香菇洗净，和叉烧肉一起切成末备用。

3 锅中放入花生油，煸炒胡萝卜末、豌豆、玉米粒，炒熟后，放入香菇末、叉烧肉末、米饭和盐，翻炒均匀后即可出锅。

温馨提示

米饭在蒸制时，要少放一些水，这样蒸出来的米饭稍硬一些，再进行炒制口感更佳。

营养分析

叉烧肉含有丰富的蛋白质、脂肪、维生素 A、维生素 C 等，有美肤补血、消除疲劳的功效。

豌豆鱼丸汤

主料：豌豆 10 克，鱼丸 10 克

配料：胡萝卜 3 克

调料：盐 1.5 克，水淀粉、香油适量

做法：

1 豌豆洗净；胡萝卜洗净，切成小粒备用。

2 锅中放入适量的水，烧开后放入豌豆、鱼丸、胡萝卜粒和盐调味，勾入水淀粉，出锅前淋入香油即可。

温馨提示

幼儿食用时，可将鱼丸切成小片再做汤。

营养分析

鱼丸含有丰富的蛋白质、脂肪、叶酸、维生素 C、维生素 E、钙、铁、镁等，有通便、养阴止渴、抗菌消炎的功效。

夏季一周带量食谱

	星期一		星期二		食谱/页码
	食谱/页码	带量/人	食谱/页码	带量/人	
早餐	鹅卵包 / 50	面粉30克，小麦胚粉3克，豆沙馅10克，果脯10克	三丝粥 / 58	大米15克，胡萝卜7克，土豆7克，木耳5克，盐1克	法风烧饼 / 64
	素烧黑白黄 / 51	白菜40克，鸡蛋15克，木耳7克，花生油2克，盐1.5克	麻酱糖火烧 / 59	面粉20克，小麦胚粉3克，芝麻酱10克，红糖8克，花生油2克	芝麻盐水鸭肝 / 65
	绿豆粥 / 51	大米15克，绿豆7克，冰糖3克	酱肘花 / 59	猪前肘40克，老抽2克，盐1.5克，白糖1克	绿茶粥 / 65
加餐	香蕉 / 51	香蕉65克	火龙果 / 59	火龙果65克	奶酪 / 65
	酸奶 / 51	酸奶100克	酸奶 / 59	酸奶100克	橘子 / 65
	冰糖梨水 / 51	梨15克，冰糖3克	冰糖菜根水 / 59	芹菜5克，白萝卜5克，胡萝卜5克，冰糖3克	冰糖苹果水 / 65
午餐	二丝木耳汤 / 52	土豆10克，胡萝卜10克，鸡蛋8克，木耳5克，盐1.5克	蜜烤翅中 / 60	鸡翅中60克，杜候酱5克，海鲜酱5克，蒜瓣3克，蜂蜜1克	凤眼丸子 / 66
	山楂糕米饭 / 52	大米50克，山楂糕10克	绿豆米饭 / 60	大米50克，绿豆10克	碎金饭 / 66
	魔芋排骨 / 53	猪排骨65克，魔芋15克，花生油2克，白糖1克，盐1克，老抽1克	三珍腰花 / 61	油菜50克，香菇15克，魔芋腰花15克，花生油2克，盐1.5克	素烧三鲜 / 67
	香素咕咾肉 / 53	土豆40克，菠萝20克，熟松子仁1克，番茄酱3克，花生油2克，白糖2克，盐1克	番茄鸡蛋鱼丸汤 / 61	番茄20克，鸡蛋10克，鱼丸5克，盐1.5克	火腿豌豆鲜贝汤 / 67
午点	开口笑 / 54	面粉10克，鸡蛋液5克，花生油3.5克，白糖3克，熟芝麻2克	棋格饼干 / 62	面粉10克，黄油2克，白糖3克，可可粉1克	奶香甜玉米 / 67
			苹果 / 62	苹果100克	哈密瓜 / 67
	西瓜 / 54	西瓜100克	牛奶 / 62	牛奶200克	冰糖绿豆水 / 67
	牛奶 / 54	牛奶200克	冰糖菊花水 / 62	冰糖3克，菊花2克	牛奶 / 67
	冰糖山楂水 / 54	冰糖3克，山楂干2克			
晚餐	地三鲜 / 55	茄子30克，土豆30克，柿子椒10克，花生油3克，盐1.5克，白糖0.5克	小比萨饼 / 63	面粉50克，奶粉5克，黄油5克，小麦胚粉5克，火腿10克，柿子椒7克，洋葱5克，菠萝5克，番茄沙司7克，沙拉酱5克	吉利玉兔 / 68
	鱼米之乡 / 55	草鱼50克，玉米粒10克，豌豆10克，花生油3克，蛋清2克，盐1.5克			核桃派 / 68
	佛手 / 56	面粉30克，小麦胚粉3克，豆沙馅10克，奶粉2克	八宝粥 / 63	大米5克，小米5克，糯米5克，紫米2克，红豆2克，绿豆2克，红芸豆2克，小枣（去核）2克，白糖2克	泥肠炒菜花 / 69
	玉米面窝头 / 57	玉米面20克，面粉5克，小麦胚粉3克，豆粉2克，白糖2克			酱汁竹笋 / 69
	碧菠粥 / 57	大米15克，菠菜15克，盐1克			枸杞银耳粥 / 69

日人均总带量							
	谷类及糕点	194.00	奶制品	2.00	谷类及糕点	170.00	奶制品	12.00	谷类及糕点	206.00
	豆类及豆制品	39.00	蛋类	28.00	豆类及豆制品	16.00	蛋类	10.00	豆类及豆制品	24.00
	蔬菜类	185.00	糖类	26.00	蔬菜类	111.00	糖类	18.00	蔬菜类	185.00
	水果类	202.00	肝类	0.00	水果类	172.00	肝类	0.00	水果类	182.00
	肉类及肉制品	65.00	鱼虾类	50.00	肉类及肉制品	110.00	鱼虾类	5.00	肉类及肉制品	65.00
	油脂类	13.50	菌藻类	12.00	油脂类	4.00	菌藻类	20.00	油脂类	7.00
	鲜奶酸奶	302.00	豆浆豆奶	0.00	鲜奶酸奶	305.00	豆浆豆奶	0.00	鲜奶酸奶	207.00

星期三		星期四		星期五
带量/人	食谱/页码	带量/人	食谱/页码	带量/人
面粉25克，黄油8克，牛奶20克，火腿10克，生菜5克，糖粉4克，沙拉酱4克，蛋液2克，芝麻1克，盐0.5克 鸭肝25克，熟芝麻3克，盐2克，鲜味酱油1克 大米20克，绿茶1克，冰糖1.5克	雪里蕻焖豆芽 / 70 红糖油饼 / 71 豆腐脑 / 71	绿豆芽20克，雪里蕻20克，红柿子椒1克，花椒油1克，盐1克 低筋面粉35克，自发粉5克，花生油7克，红糖5克 嫩豆腐60克，鸡蛋8克，木耳5克，香菇2克，黄花菜2克，生粉3克，老抽2克，盐1.5克	彩珠蛋糕 / 76 蚝油生菜 / 77 牛奶 / 77	鸡蛋50克，面粉10克，白糖6克，奶油2克 生菜（圆）25克，花生油2克，生抽2克，蚝油1克，白糖1克 牛奶200克
奶酪20克 橘子65克 苹果15克，冰糖3克	荔枝 / 71 酸奶 / 71 冰糖荸荠水 / 71	荔枝65克 酸奶100克 荸荠15克，冰糖3克	琥珀桃仁 / 77 橙子 / 77 冰糖莲藕水 / 77	核桃仁10克，白糖3克 橙子65克 莲藕20克，冰糖3克
鸡胸肉30克，鹌鹑蛋30克，西蓝花10克，盐1.5克 大米50克，玉米渣10克 小白菜50克，鸡蛋25克，木耳10克，花生油3克，盐1克，白糖0.3克 豌豆10克，鲜贝10克，火腿5克，鸡蛋5克，盐1克	松子仁米饭 / 72 蔬菜肉卷 / 72 鸡蛋炒平菇 / 73 青虾萝卜丝汤 / 73	大米50克，松子仁10克 白菜叶50克，瘦猪肉馅20克，花生油2克，盐1.5克，鸡蛋1克 平菇60克，鸡蛋20克，花生油4克，葱3克，盐1.5克 白萝卜20克，青虾虾仁10克，香菜3克，盐1.5克	葵花子米饭 / 78 油焖大虾 / 78 西芹百合 / 79 香菇鸭块汤 / 79	大米50克，葵花子10克 大虾60克，番茄酱7克，花生油5克，白糖3克，盐1克 西芹50克，百合5克，红柿子椒5克，盐1.5克，花生油1克 半片鸭20克，香菇7克，盐1.5克
玉米25克，牛奶20克 哈密瓜100克 绿豆6克，冰糖3克 牛奶180克	豆沙酥盒 / 73 梨 / 73 冰糖胡萝卜水 / 73 牛奶 / 73	面粉10克，小麦胚粉2克，豆沙馅6克，花生油3克 梨100克 胡萝卜15克，冰糖3克 牛奶200克	螃蟹酥 / 80 桃 / 80 酸奶 / 80 冰糖绿豆水 / 80	低筋面粉10克，高筋面粉4克，起酥油5克，葡萄干1克 桃100克 酸奶100克 绿豆6克，冰糖3克
面粉35克，奶粉5克，枣泥馅3克，葡萄干2克 面粉30克，黄油15克，小麦胚粉3克，核桃仁10克，牛奶7克，白糖5克 菜花60克，泥肠20克，豌豆5克，玉米粒5克，花生油2克，盐1克 竹笋60克，葱油2克，老抽2克，盐1.5克，白糖1克 大米15克，银耳5克，枸杞2克，冰糖3克	三鲜烧麦 / 74 香菇花生莲子粥 / 75 粉丝圆白菜 / 75	面粉35克，小麦胚粉3克，奶粉2克，猪肉馅20克，虾仁10克，鸡蛋10克，玉米粒2克，花生油2克 大米10克，花生(带红衣)3克，干香菇2克，莲子2克，盐1克 圆白菜30克，粉丝5克，花生油3克，盐1.5克	日式叉烧饭 / 81 豌豆鱼丸汤 / 81	大米40克，叉烧肉10克，胡萝卜5克，豌豆5克，玉米粒5克，香菇3克，花生油3克，盐1.5克 豌豆10克，鱼丸10克，胡萝卜3克，盐1.5克
奶制品 43.00	谷类及糕点 147.00	奶制品 2.00	谷类及糕点 119.00	奶制品 7.00
蛋类 65.00	豆类及豆制品 66.00	蛋类 39.00	豆类及豆制品 21.00	蛋类 50.00
糖类 14.00	蔬菜类 179.00	糖类 11.00	蔬菜类 113.00	糖类 18.00
肝类 25.00	水果类 165.00	肝类 0.00	水果类 166.00	肝类 0.00
鱼虾类 10.00	肉类及肉制品 40.00	鱼虾类 20.00	肉类及肉制品 30.00	鱼虾类 70.00
菌藻类 15.00	油脂类 21.00	菌藻类 69.00	油脂类 11.00	菌藻类 10.00
豆浆豆奶 0.00	鲜奶酸奶 302.00	豆浆豆奶 0.00	鲜奶酸奶 300.00	豆浆豆奶 0.00

一、平均每人每日进食量表

食物类别	数量（克）	食物类别	数量（克）
细粮	150.40	蛋类	38.40
杂粮	16.80	肉类	62.00
糕点	0	肝	5.00
干豆类	15.40	鱼	31.00
豆制品	17.80	糖	17.40
蔬菜总量	154.60	食油	11.30
水果	177.40	调味品	7.20
乳类	13.20	菌藻类	25.20
鲜奶、酸奶	281.40	干果	10.20
豆浆、豆奶	0		

二、营养素摄入量表

〔要求日托儿童每人每日各种营养素摄入量占 DRIs（平均参考摄入量）的 75% 以上，混合托占 80% 以上，全托占 90% 以上〕

	热量		蛋白质	脂肪	视黄醇当量	维生素B₁	维生素B₂	维生素C	钙	锌	铁
	（千卡）	（千焦）									
平均每人每日	1525.418	6382.351	54.768	34.301	578.036	0.818	0.898	55.481	716.441	8.483	13.820
平均参考摄入量	1521.740	6366.960	52.690		593.120	0.690	0.690	69.310	786.240	11.790	12.000
比较 %	100.2	100.2	103.9		97.5	118.5	130.1	80.0	91.1	75.0	115.2

三、热量来源分布表

		脂肪		蛋白质	
		要求	现状	要求	现状
摄入量	（千卡）		523.239		219.074
	（千焦）		2189.232		916.604
占总热量 %		30～35	34.3	12～15	14.4

四、蛋白质来源分布表

	优质蛋白质		
	要求	动物性食物	豆类
摄入量（克）	－	25.739	4.305
占蛋白质总量 %	≥ 50%	47.0	7.9

五、配餐能量结构表

	标准	平均	星期一	星期二	星期三	星期四	星期五
早餐（%）	25～30	20.47	309.71/18.77	358.77/23.04	306.84/18.21	278.93/18.67	307.34/24.77
加餐（%）		7.14	125.73/7.62	111.38/7.15	108.73/6.45	124.74/8.35	74.17/5.98
午餐（%）	35～50	27.04	473.38/28.68	372.48/23.92	429.92/25.52	433.15/28.99	353.06/28.45
午点（%）		16.81	256.75/15.56	278.83/17.91	214.38/12.72	286.59/19.18	245.19/19.76
晚餐（%）	20～30	28.54	484.79/29.37	435.50/27.97	624.97/37.09	370.71/24.81	261.04/21.04
全天（千卡）			1650.37	1556.97	1684.83	1494.12	1240.81
全天（千焦）			6905.13	6514.36	7049.35	6251.38	5191.54

秋季

星期一早餐

鸡蛋豆炒胡萝卜

■ 主料：胡萝卜25克，鸡蛋15克

■ 配料：黄豆5克

■ 调料：花生油2克，盐1.5克，白糖0.5克，香油、葱末、姜末适量

■ 做法：

1 胡萝卜洗净，去皮，切丁备用；黄豆洗净备用。

2 鸡蛋打散，炒熟后备用。

3 锅中放入花生油，煸炒葱、姜末出香味后，再放入胡萝卜丁、黄豆，煸透后，放入调料调味，翻炒均匀，最后放入鸡蛋，淋入香油即可。

温馨提示

黄豆在炒制前，要先煮熟，这样有利于菜品美观。

营养分析

胡萝卜含有膳食纤维、碳水化合物、类胡萝卜素、维生素A、B族维生素及钙、磷、钾等，有健脾消食、补肝明目、清热解毒、降气止咳的功效。

小刺猬

主料：面粉 35 克

配料：豆沙馅 10 克，酵母适量

做法：

1 用温水将酵母冲开，倒入面粉中，和成面团备用。

2 将和好的面团搓成条，揪成若干个小剂子，擀成面皮，包入红豆沙馅。

3 将包好的红豆沙包团成椭圆形，用小剪刀按排剪出小刺，成小刺猬状待用。

4 足气上蒸锅，蒸 30 分钟即可。

温馨提示

给小刺猬剪刺时，要顺着一个方向剪，剪出来的外形更美观。

营养分析

豆沙馅含有丰富的蛋白质、碳水化合物、维生素 B_1、维生素 B_2、钙、铁等，有健脾止泻、利水消肿、补血、改善低血压的功效。

燕麦枣羹

主料：大米 15 克，燕麦片 7 克

配料：小枣（无核）5 克

做法：

1 大米洗净，开水下锅，煮至六成熟；小枣洗净备用。

2 在粥锅中放入燕麦片和小枣，煮制 15 分钟即可。

温馨提示

枣要晚一些时候再放入，煮制的时间不宜过长。

营养分析

燕麦含有蛋白质、钙、磷、铁及 B 族维生素等，有降低胆固醇、促进伤口愈合、防止贫血、补钙的功效。

加餐

 酸奶
（100 克）

 香蕉
（65 克）

 冰糖萝卜水
（萝卜 10 克，冰糖 3 克）

星期一午餐

芸豆米饭

- 主料：大米 50 克
- 配料：红芸豆 10 克
- 做法：

1 红芸豆用温水浸泡 3 小时后备用。

2 将大米洗净，放入容器，加上水。

3 将泡好的红芸豆洗净，均匀地撒在大米上，铺满表面。

4 上锅蒸 40 分钟，成熟即可。

温馨提示
红芸豆要提前浸泡，否则不容易煮熟。

营养分析
红芸豆含有蛋白质、脂肪、碳水化合物、膳食纤维、B 族维生素、维生素 E、钙、铁、镁等，有祛风除热、解毒利尿、补肾养血、润肺燥的功效。

三丝鲜贝汤

- 主料：鲜贝 15 克
- 配料：鸡蛋 10 克，火腿 5 克，香菇 5 克，胡萝卜 3 克
- 调料：盐 1.5 克，水淀粉、香油适量
- 做法：

1 鲜贝洗净，开水焯烫后，过凉备用。

2 鸡蛋打散；火腿切丝；香菇、胡萝卜洗净，切丝备用。

3 锅中放入适量的水，烧开后放入火腿丝、香菇丝、胡萝卜丝，最后放入鲜贝和盐调味，勾入水淀粉，洒入鸡蛋液，出锅前淋入香油即可。

温馨提示
鲜贝不宜过早放入汤中，以免个头缩小，口感过硬。

营养分析
鲜贝含有丰富的脂肪、蛋白质、维生素 A、钙、铁、硒等，有滋阴明目、化痰、降低胆固醇、保护视力及肝脏的功效。

糖醋山药鸡

主料：鸡腿肉 35 克

配料：山药 15 克

调料：醋 3 克，花生油 2 克，白糖 2 克，盐 1 克，料酒、水淀粉、老抽、香油、葱末、姜末、熟芝麻适量

做法：

1 鸡腿肉洗净，切块，用盐腌好，入二三成热的油锅中，滑熟后备用。

2 山药洗净，去皮，切块备用。

3 锅中放入花生油，煸炒葱、姜末出香味后，再放入适量水和调料调味，最后勾入水淀粉，放入所有原料，撒上熟芝麻，淋入香油即可。

温馨提示

清洗山药时，要注意山药上的黏液，最好戴上橡胶手套。

营养分析

山药含有 B 族维生素、维生素 C、维生素 E、蛋白质等，有健脾益胃、助消化、润肺止咳、降低血糖的功效。

蚝油平菇

主料：平菇 70 克

调料：花生油 2 克，盐 1 克，蚝油 1 克，水淀粉、白糖、香油、葱末、姜末适量

做法：

1 平菇洗净，切条备用。

2 把切好的平菇开水焯烫后，过凉，控干水分后备用。

3 锅中放入花生油，煸炒葱、姜末出香味后，再放入平菇、蚝油和调料调味，炒均匀，最后勾入水淀粉，淋入香油即可。

温馨提示

在炒有蚝油的菜时，盐一定要少放一些，咸度不够再添，以免口感过咸。

营养分析

平菇含有蛋白质、膳食纤维、B 族维生素、钾、钠、钙、镁等，有滋养脾胃、祛风散寒、舒筋活络的功效。

午点

肉松球

▦ 主料：面粉10克，小麦胚粉3克

▦ 配料：土豆3克，猪肉松2克，胡萝卜2克，莲藕2克

▦ 调料：酵母适量

▦ 做法：

1 用温水将酵母冲开，倒入面粉和小麦胚粉中，加水和成面团备用。

2 土豆、胡萝卜、莲藕去皮，洗净，擦丝备用。

3 将1/3的猪肉松、土豆丝、胡萝卜丝、莲藕丝搅拌在一起，制成馅料备用。

4 将面团搓成条，揪成若干个小剂子，擀成面皮，包入馅料。

5 上锅蒸，蒸25～30分钟成熟后，取出，滚上剩余的猪肉松即可。

苹果

（100克）

牛奶

（200克）

冰糖山楂水

（冰糖3克，山楂干2克）

星期一晚餐

柴巴卷

▦ 主料：面粉 40 克

▦ 配料：白糖 1 克，酵母适量

▦ 做法：

1 将面粉和白糖混合。

2 用温水将酵母冲开，倒入面粉和白糖的混合物中，和成面团备用。

3 将和好的面团压成 5 毫米左右的厚片，放在面板上。

4 将厚片切成粗条，轻轻招成一绺儿，再用一根粗条，在一绺儿的中间做一个装饰结待用。

5 将做好的柴巴卷入蒸锅，蒸 20 ~ 25 分钟成熟即可。

温馨提示

面团要和得稍硬一些，制作出的成品外观才更佳。

营养分析

小麦含有蛋白质、碳水化合物、多种维生素等，有除烦、止血、利尿、润肺的功效。

虎皮蛋糕

▦ 主料：鸡蛋 25 克，白糖 6 克，面粉 5 克

▦ 配料：可可粉 1 克，泡打粉适量

▦ 做法：

1 将鸡蛋、白糖和泡打粉混合，快速搅拌至打发。

2 加入面粉，轻轻搅拌均匀，然后取出1/10的面糊，放入可可粉，搅拌均匀，制成可可粉面糊备用。

3 将面糊倒入烤盘，整平。

4 将可可粉面糊放入挤袋，然后从左到右、均匀地、逐排地将可可粉面糊挤在烤盘的面糊上，再用竹签上下拉直线，划出虎皮斑纹。

5 烤箱烧至160℃，放入面糊，烤 30 ~ 40 分钟成熟即可。

温馨提示

挤袋开口不宜过大，以免影响造型美观。

营养分析

鸡蛋含有丰富的蛋白质、脂肪、维生素 A、钙、磷等，有补充气血、提高智力、强化体质、促进发育的功效。

麦当汤

▨ 主料：豌豆 10 克，玉米粒 10 克，香菇 10 克

▨ 配料：胡萝卜 6 克，鸡蛋 5 克

▨ 调料：盐 1.5 克，水淀粉、香油适量

▨ 做法：

1 豌豆、玉米粒洗净，开水焯烫后备用。

2 香菇、胡萝卜洗净，切成小丁；鸡蛋打散备用。

3 锅中放入适量的水，烧开后，放入豌豆、玉米粒、胡萝卜丁、香菇丁，用盐调味后，勾入水淀粉，洒入鸡蛋液，出锅淋香油即可。

温馨提示

原料应先焯水后，再撒入汤中，不宜在汤中长时间加热。

营养分析

此汤含有蛋白质、碳水化合物、叶酸、胡萝卜素、维生素 C、维生素 E、钙、铁、镁等，有通便、止渴、抗菌消炎、防癌、抗癌的功效。

蒜苗牛肉炒豆皮

- 主料：蒜苗 40 克
- 配料：牛肉粒 10 克，干豆皮 10 克
- 调料：花生油 2 克，盐 2 克，料酒、老抽、水淀粉、白糖、香油、葱末、姜末适量
- 做法：

1 蒜苗洗净，切成 1 厘米长的小段备用。

2 干豆皮洗净，切成菱形小片备用。

3 锅中放入花生油，煸炒葱、姜末出香味后，再放入牛肉粒，炒至变色后，放入蒜苗段、干豆皮片和调料调味，炒均匀，最后勾入水淀粉，淋入香油即可。

温馨提示

牛肉使用前，先用少量的盐和水淀粉腌一下，这样炒制出来的牛肉口感更佳。也可以选用牛肉馅，更利于幼儿消化。

营养分析

蒜苗含有蛋白质、胡萝卜素、维生素 B_2 等，有消积食、杀菌、抑菌的功效。

红烩土豆

- 主料：土豆 30 克
- 配料：芹菜 15 克，胡萝卜 10 克
- 调料：番茄酱 3 克，花生油 3 克，盐 1.5 克，水淀粉、白糖、香油、葱末、姜末适量
- 做法：

1 土豆、胡萝卜洗净，去皮，切成丁备用。

2 芹菜洗净，切成丁备用。

3 锅中放入花生油，煸炒葱、姜末出香味后，再放入番茄酱翻炒出红油后，放入土豆丁、芹菜丁、胡萝卜丁和调料炒均匀至成熟，最后勾入水淀粉，淋入香油即可。

温馨提示

土豆最好选用新土豆。炒制时，先放入土豆，炒至返沙，口感最佳。

营养分析

土豆含有碳水化合物、膳食纤维、蛋白质、B 族维生素、维生素 C 等，有益气健脾、解毒之功效。

星期二早餐

麻蓉糕

■ 主料：面粉 35 克，小麦胚粉 3 克

■ 配料：芝麻酱 10 克，红糖 10 克，芝麻 2 克，酵母适量

■ 做法：

1 用温水将酵母冲开，倒入面粉和小麦胚粉中，加水和成面团备用。

2 将面团压成片，抹上芝麻酱，将红糖撒匀，最后均匀地撒上芝麻，卷成卷儿。

3 上蒸锅蒸，蒸 25 ～ 30 分钟成熟即可。

温馨提示

制作前，要先把芝麻炒熟，擀一下，这样成品口感更佳。

营养分析

芝麻含有丰富的维生素 B_1、维生素 B_2、维生素 E、卵磷脂、钙、铁、镁等，有治疗头发干枯、降低胆固醇的功效。

五香鹌鹑蛋

■ 主料：鹌鹑蛋 30 克

■ 调料：盐 2 克，料酒、大料、花椒、葱段、姜片、蒜瓣适量

■ 做法：

1 鹌鹑蛋洗净备用。

2 锅中放入冷水，下入鹌鹑蛋，中火烧开，改小火，放入调料，煮至成熟，关火浸泡 1 小时。

3 出锅后，去皮即可食用。

温馨提示

煮制鹌鹑蛋时间不宜过长，增加浸泡的时间，容易入味。也可以将煮熟的鹌鹑蛋皮磕开，再浸泡，更容易入味。

营养分析

鹌鹑蛋含有丰富的蛋白质、维生素 A、维生素 B_1、维生素 B_2、钙、磷、铁等，有消肿、补气、壮筋骨的功效。

豆炒芥菜

- 主料：芥菜头 25 克
- 配料：青豆 10 克
- 调料：花生油 1 克，盐 1 克，老抽 1 克，白糖、香油、葱末、姜末适量
- 做法：

1 芥菜头洗净，切丝，用凉水拔去苦咸的味道后备用。

2 青豆用小火慢煮 10 分钟左右，控干水分备用。

3 锅中放入花生油，煸炒葱、姜末出香味后，再放入青豆、芥菜丝，炒透后，放入调料炒均匀，最后淋入香油即可。

温馨提示
青豆在炒制前，最好先煮熟。

营养分析
青豆含有丰富的蛋白质、B 族维生素、磷、钾等，有防癌、补血、降低胆固醇的功效。

小米南瓜粥

- 主料：小米 15 克
- 配料：南瓜 5 克
- 做法：

1 南瓜洗净，去皮，切丁备用。

2 小米洗净，开水放入锅中，大火煮至八成熟后，放入南瓜丁，至南瓜丁成熟后即可。

温馨提示
南瓜选用嫩的、个头小点儿的，口感更佳。

营养分析
南瓜含有丰富的胡萝卜素、B 族维生素、维生素 C、钙、锌等，有解毒、降低血糖、止渴的功效。

加餐

 火龙果
（65 克）

 酸奶
（100 克）

 冰糖菊花水
（冰糖 3 克，菊花 2 克）

星期二午餐

八仙小炒

- 主料：芹菜 20 克，胡萝卜 10 克，香菇 10 克
- 配料：豌豆 10 克，玉米粒 10 克，火腿 10 克，红柿子椒 5 克，蟹肉棒 5 克
- 调料：盐 1.5 克，花生油 1 克，白糖 0.5 克，水淀粉、葱油、葱末、姜末适量
- 做法：

1. 芹菜、胡萝卜、香菇、红柿子椒洗净，胡萝卜去皮，与其他原料一起切丁备用。

2. 火腿、蟹肉棒切丁，与豌豆、玉米粒、芹菜丁、胡萝卜丁、香菇丁一同下入开水锅中，焯烫后过凉，控干水分后备用。

3. 锅中放入花生油，煸炒葱、姜末出香味后，再放入所有原料，炒透后，放入调料炒均匀，勾入水淀粉，最后淋入葱油即可。

温馨提示
所有原料焯水后过凉，控干水分再用。

营养分析
此菜含有丰富的蛋白质、脂肪、多种维生素、钙、磷、钾、铁、镁等，有滋阴凉血、利咽宽胸、止血补气的功效。

珍珠丸子

主料：猪肉馅 35 克

配料：糯米 25 克

调料：盐 2 克，料酒、姜粉适量

做法：

1 糯米凉水浸泡 6 小时备用。

2 猪肉馅放入料酒、盐、姜粉，调成丸子馅备用。

3 糯米控干水分，把丸子馅氽成丸子，蘸上糯米，上蒸锅蒸 30 分钟即可。

温馨提示

可以在丸子馅中加一些荸荠碎，口感更佳。

营养分析

糯米含有丰富的脂肪、蛋白质、碳水化合物、B 族维生素、钙、磷、铁等，有补中益气、健脾养胃的功效。

红枣米饭

主料：大米 50 克

配料：小枣（无核）10 克

做法：

1 将大米洗净，放入容器，加上水。

2 将小枣均匀地撒在大米上，铺满表面即可。

3 上锅蒸，蒸制 40 分钟成熟即可。

温馨提示

蒸饭时，米里的水要多放一点，否则会很干，口感不佳。

营养分析

小枣含有丰富的 B 族维生素、维生素 C、钙、铁等，有提高血清白蛋白含量、保护肝脏的作用。

蟹肉白萝卜汤

主料：白萝卜 20 克

配料：蟹足棒 10 克，鸡蛋 10 克

调料：盐 1.5 克，水淀粉、香油适量

做法：

1 白萝卜洗净，去皮，擦丝后备用。

2 蟹足棒切小薄片；鸡蛋打散备用。

3 锅中放入适量的水，烧开后放入白萝卜丝、蟹足棒片和盐调味，勾入水淀粉，开锅后，洒入鸡蛋液，出锅前淋入香油即可。

温馨提示

挑选蟹肉棒时，要选用蟹足棒，煮制时不容易散开，口感更佳。

营养分析

白萝卜含有丰富的蛋白质、芥子油、维生素 A、维生素 C、钙、铁、磷等，有促进胃肠蠕动、增强食欲、帮助消化、止咳化痰、清热解毒的功效。

午点

咖喱酥饺

■ 主料：面粉 10 克，黄油 5 克

■ 配料：芹菜 5 克，培根 5 克，咖喱酱 1 克，盐 1 克，花生油适量

■ 做法：

1 将 4/5 的面粉加入少许盐，放入 1/3 的黄油搓匀，加入水，和成皮面。

2 将 2/3 的黄油加入 1/5 的面粉搓成芯面。

3 用和好的皮面包入芯面擀开、叠层，再擀开、再叠层，反复 3 ~ 4 次，做成清酥面，放入冰箱备用。

4 培根切成末，芹菜切成粒备用。

5 锅中放入花生油，放入培根末炒香，加入芹菜粒煸炒，再放入咖喱酱，炒至成熟备用。

6 将清酥面擀成 3 毫米左右的片，用刀切成正方形。

7 将炒好的馅料放在正方形面片中间，再对角折，粘好。

8 上烤箱烤，上火 200℃、底火 220℃，烤制 15 ~ 20 分钟成熟即可。

梨

(100 克)

牛奶

(200 克)

冰糖莲藕水

(莲藕 20 克，冰糖 3 克)

星期二晚餐

老北京炸酱面

▒ 主料：面条75克

▒ 配料：五花肉丁12克，黄瓜10克，芹菜10克，绿豆芽10克，小水萝卜10克

▒ 调料：干黄酱10克，甜面酱5克，花生油5克，料酒、葱、姜、蒜适量

▒ 做法：

1 将干黄酱和甜面酱用水澥开，葱、姜、蒜切成末备用。

2 锅中放入花生油，加入五花肉丁和葱、姜、蒜末炒出香味，加料酒去腥味，炒熟后，加入澥开的酱，将火调成微火，把酱炸透备用。

3 将芹菜去根、去叶，洗净，切粒；绿豆芽洗净，切短；

黄瓜、小水萝卜洗净，切丝备用。

4 将芹菜粒、绿豆芽焯熟。

5 将面条煮熟，淋上炸酱，放上所有切配好的菜码，拌匀即可食用。

温馨提示

炸酱时，要用微火炸制40分钟以上，去掉水分，口感更佳。

营养分析

黄酱含有丰富的蛋白质、碳水化合物、B族维生素、钙、铁、锌等，有除热解毒的功效。

面汤
（面粉0.5克）

星期三早餐

木须菜

▥ 主料：鸡蛋 20 克，黄瓜 20 克

▥ 配料：木耳 5 克，干黄花菜 3 克

▥ 调料：花生油 3 克，盐 1.5 克，白糖 0.5 克，香油、葱末、姜末适量

▥ 做法：

1 鸡蛋打散，炒熟后备用。

2 干黄花菜、木耳用温水泡发后，木耳切大片，黄花菜斩段；黄瓜洗净，切片备用。

3 锅中放入花生油，煸炒葱、姜末出香味后，再放入黄花菜段、木耳片炒透后，放入黄瓜片、鸡蛋和调料调味，炒均匀，最后淋入香油即可。

温馨提示

黄花菜不能直接采摘食用，要用干制的黄花菜。

营养分析

鸡蛋含有丰富的维生素 C、蛋白质、氨基酸等，有增强体力、滋阴润肺、止血消炎的功效。

芸豆粥

- 主料：大米 15 克
- 配料：红芸豆 5 克
- 调料：冰糖 3 克
- 做法：

1 红芸豆用温水浸泡 3 小时后备用。

2 大米洗净，与泡好的红芸豆一同放入开水锅中，大火煮制，待完全成熟后关火。

3 把煮好的红芸豆粥放入冰糖，待冰糖完全溶开后，搅匀即可。

温馨提示

红芸豆先用温水浸泡几个小时后，再使用，煮制时更容易熟烂。

营养分析

红芸豆含有丰富的碳水化合物、膳食纤维、B 族维生素、维生素 E、钙、铁、磷、镁等，有祛风除热、调中下气、解毒利尿的功效。

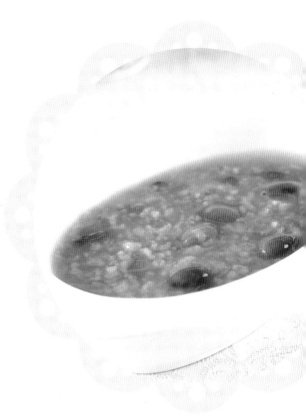

奶香热狗

- 主料：面粉 30 克，黄油 5 克，小麦胚粉 3 克
- 配料：香肠 15 克，奶粉 4 克，酵母、蛋黄液适量
- 做法：

1 将面粉、小麦胚粉和奶粉混合后，加入黄油，再用温水将酵母冲开，倒入面粉混合物中，加水和成面团备用。

2 香肠切成 6 ~ 7 厘米长的小段备用。

3 面团搓成条，揪成若干个小剂子，按压成片。

4 将香肠段卷入面片中，做成热狗形状，在面皮上刷一点儿蛋黄液。

5 上烤箱烤，上火 160℃、底火 180℃，入烤箱烤 25 ~ 30 分钟成熟即可。

温馨提示

热狗表面刷的蛋液，最好选用蛋黄液，烤制出来的成品外观颜色更佳。

营养分析

香肠含有丰富的蛋白质、脂肪、碳水化合物、烟酸、钾、磷等，有生津开胃的作用。

加餐

 橙子 (65 克)

 奶酪 (20 克)

 冰糖菜根水 （芹菜 5 克，白萝卜 5 克，胡萝卜 5 克，冰糖 3 克）

星期三午餐

太阳米饭

- 主料：大米 50 克
- 配料：鸡蛋 15 克
- 做法：

1 将大米洗净，放入容器中，加上水。

2 上锅蒸 40 分钟，至成熟后备用。

3 将蒸好的米饭取出，在米饭中间用圆勺按个坑，打入鸡蛋。

4 继续上锅蒸 10 分钟，成熟后即可。

温馨提示
米饭蒸好后在饭上压个窝，鸡蛋打入其中，以免蛋液外流，影响美观。

营养分析
鸡蛋含有丰富的蛋白质、脂肪、维生素 A、B 族维生素、钙、磷等，有防癌、补充气血、提高智力的功效。

碧绿香菇鸡蛋汤

- 主料：菠菜 15 克
- 配料：鸡蛋 10 克，香菇 5 克
- 调料：盐 1 克，水淀粉、香油适量
- 做法：

1 菠菜洗净，开水焯烫，过凉后，切丝备用。

2 香菇洗净，切片；鸡蛋打散备用。

3 锅中放入适量的水，烧开后放入香菇片，稍煮后放入菠菜丝和盐调味，勾入水淀粉，洒入鸡蛋液，出锅前淋入香油即可。

温馨提示
香菇要多煮一些时间，味道更佳。

营养分析
香菇含有丰富的膳食纤维、B 族维生素、维生素 D、钾、碘、镁等，有降低血脂、防癌、抗癌、提高免疫力的功效。

百花日本豆腐

主料：日本豆腐 30 克

配料：虾仁 15 克，红、绿柿子椒各 5 克

调料：盐 1.5 克，白糖 0.5 克，水淀粉、香油、葱末、姜末适量

做法：

1 日本豆腐切段，中间掏空后备用。

2 虾仁洗净，去虾线，放入日本豆腐掏空处。

3 红、绿柿子椒洗净，切末；锅中放入适量的水，烧开后，放入红、绿柿子椒末和调料调味，勾入水淀粉做成汁，日本豆腐上锅蒸 10 分钟，出锅淋上汁即可。

温馨提示

虾仁要去虾线，否则口感不佳。

营养分析

虾仁含有丰富的蛋白质、维生素、多种矿物质元素、铁、镁、磷等，有化瘀解毒、益气滋阳、通络止痛的功效。

金葱燋牛方

主料：牛腰窝 40 克

配料：冬笋 15 克，胡萝卜 15 克，葱段 5 克

调料：花生油 2 克，盐 1 克，老抽 1 克，白糖 0.5 克，姜片适量

做法：

1 牛腰窝洗净，切成块，冷水下锅，大火烧开，撇去浮沫，炖 2 小时备用。

2 冬笋、胡萝卜洗净，切丁，葱段、姜片用花生油炸至金黄色备用。

3 将冬笋丁、胡萝卜丁、葱段、姜片放入牛肉中，煨制 30 分钟即可。

温馨提示

牛腰窝可提前腌一下，切成小块，下油锅炸一下，再煨制，口感更佳。

营养分析

牛肉含有丰富的蛋白质、脂肪、维生素 A、B 族维生素、锌、钙、铁等，有滋养脾胃、益气血、强筋骨的功效。

午点

蒸红薯
（红薯25克）

苹果
（100克）

牛奶
（200克）

冰糖甘蔗汁
（甘蔗15克，冰糖3克）

鸳鸯饺子

························

▨ 主料：面粉65克，白菜40克，猪肉馅40克，小麦胚粉3克

▨ 配料：菠菜10克

▨ 调料：盐1.5克，香油1克，葱末、姜粉、料酒、老抽适量

▨ 做法：

1 菠菜洗净，打碎榨汁；白菜洗净，切成末，控干水分备用。

2 将一半的面粉和小麦胚粉加入菠菜汁，和成绿色面团；剩下的面粉和小麦胚粉加入水，和成白色面团备用。

3 猪肉馅中加入所有调料和少许水，顺着一个方向搅拌均匀，放入白菜末和香油再次搅打均匀。

4 用两色面团分别揪出若干个小剂子，擀成面皮，放入馅料，包成饺子形状，煮熟即可。

温馨提示

菜汁和面时要少放，否则和出的面团过软，影响成品口感与外观。

营养分析

猪肉含有丰富的蛋白质、脂肪、B族维生素、磷、镁、铁、锌等，有消除疲劳、滋阴润燥、健脾益气的功效。

饺子汤

（面粉0.5克）

星期四早餐

双色巧克力花卷

- **主料**：面粉 35 克，小麦胚粉 3 克
- **配料**：白糖 1 克，可可粉 1 克，花生油、酵母适量
- **做法**：

1 将面粉、小麦胚粉和白糖混合均匀，平均分成两份，其中一份面粉放入可可粉。

2 用温水将酵母冲开，分别放入两种面粉中，和成两份不同颜色的面团备用。

3 将白色面团和有可可粉的面团压成同样大小的面片，重叠擀压成一个面皮。

4 在面皮上刷上一层花生油，卷成卷儿，用刀切成 1～1.5 厘米宽的条，拧成花卷的形状。

5 上锅蒸 15～20 分钟，成熟后即可。

温馨提示
两种面片重叠摆放时，两层中间刷上少量的油，可以使成品层次更加分明。

营养分析
小麦含有丰富的蛋白质、B 族维生素、钾、镁等，有利尿、刺激肠胃蠕动的功效。

红豆粥

- 主料：大米 15 克
- 配料：红豆 5 克
- 做法：

1 红豆用温水浸泡 3 小时后备用。

2 大米洗净，和红豆一同放入开水锅中，煮至成熟后关火即可。

温馨提示
红豆应提前用温水浸泡几小时后再用，煮制时更容易熟烂。

营养分析
红豆含有丰富的蛋白质、维生素 B_1、维生素 B_2、钙、铁等，有健脾止泻、利水消肿、补血的功效。

什锦虾皮丸子

- 主料：胡萝卜 20 克
- 配料：虾皮 10 克，猪肉馅 5 克
- 调料：面粉 7 克，淀粉 5 克，花生油 4 克，盐 0.5 克
- 做法：

1 胡萝卜洗净，擦丝，剁碎后备用。

2 虾皮用温水浸泡，去除咸味，剁碎备用。

3 将虾皮碎、胡萝卜碎、猪肉馅、盐与面粉、淀粉混合成丸子馅，均匀地挤成小丸子，余入五成热的油锅中，炸至金黄色，捞出，控干油即可。

温馨提示
虾皮要完全浸泡，去除咸味，和馅时再调味，口感更佳。

营养分析
胡萝卜含有丰富的膳食纤维、胡萝卜素、维生素 A、B 族维生素、钙、磷、钾等，有健脾消食、补肝明目、降气止咳的功效。

加餐

  白兰瓜
（65 克）

 酸奶
（100 克）

 冰糖百合水
（冰糖 3 克，百合 2 克）

星期四午餐

五仁米饭

■ 主料：大米 50 克

■ 配料：松子仁 2 克，葵花子 2 克，核桃仁 2 克，玉米粒 2 克，腰果 2 克

■ 做法：

1. 将配料中的 5 种仁，用烤箱 140℃烤 20 ~ 25 分钟后备用。

2. 将大米洗净，放入容器中，加上水。

3. 上锅蒸 40 分钟，成熟后备用。

4. 将烤好的 5 种仁，均匀地撒在米饭上，铺满表面即可。

温馨提示
干果最好买生的，回来用烤箱加热成熟为好。

营养分析
此饭含有丰富的蛋白质、脂肪、钙、铁、锌等，有健脑强体、补气养心的功效。

香菇紫菜鸡蛋汤

■ 主料：鸡蛋 10 克，香菇 7 克

■ 配料：紫菜 2 克

■ 调料：盐 1.5 克，水淀粉、香油适量

■ 做法：

1. 香菇洗净，切碎备用。

2. 紫菜掰碎；鸡蛋打散备用。

3. 锅中放入适量的水，烧开后放入香菇碎、紫菜碎和盐调味，勾入水淀粉，洒入鸡蛋液，出锅前淋入香油即可。

温馨提示
紫菜选用干净、无沙的，口感更佳。

营养分析
紫菜含有丰富的钙、铁、碘等，有促进骨骼发育、提高机体免疫力的功效。

老家带鱼

主料：带鱼 75 克

配料：冬笋 5 克，香菇 5 克

调料：番茄沙司 5 克，花生油 5 克，白糖 1 克，盐 1 克，白醋、花椒、大料、葱段、姜片、蒜瓣适量

做法：

1 带鱼洗净，切块，用盐腌渍 1 小时后备用。

2 花椒、大料包成料包；冬笋、香菇洗净，切丁备用。

3 锅中放入花生油，煸炒葱段、姜片、蒜瓣出香味后，放入冬笋丁、香菇丁、番茄沙司，炒出红油，放入带鱼块、适量的水、料包和调料调味，大火烧制成熟后，收汁即可。

温馨提示
带鱼表皮的物质要去干净，否则腥味太重。

营养分析
带鱼含有丰富的维生素 A、维生素 B_1、维生素 B_2、钙、铁、磷等，有补脾益气、暖胃养肝、补气养血的功效。

素烧小萝卜

主料：小萝卜 75 克

配料：青蒜 5 克

调料：花生油 2 克，白糖 2 克，盐 1 克，醋、香油、蒜末适量

做法：

1 小萝卜洗净，切块，开水焯烫备用。

2 青蒜洗净，切成 2 厘米长的段备用。

3 锅中放入花生油，煸炒蒜末后，下入小萝卜块和调料调味，出锅前撒上青蒜段，淋入香油即可。

温馨提示
小萝卜选用时，可去须、去皮，更利于幼儿食用。

营养分析
小萝卜含有丰富的碳水化合物、维生素 A、维生素 C、钙、铁、磷等，有增强食欲、帮助消化、下气定喘的功效。

午点

面包圈

▨ 主料：面粉 10 克，奶粉 3 克

▨ 配料：黄油 5 克，花生油 3 克，酵母适量

▨ 做法：

1 将面粉、奶粉和黄油和匀备用。

2 用温开水冲开酵母，倒入面粉混合物中，加水和成面团备用。

3 将面团揪成若干个小剂子，轻按成圆形，从中间把面分开，双手握住面圈，反复搓均匀。

4 锅中放入花生油，烧至三成热，把成形的面包圈下入油锅中，炸至金黄色，成熟即可。

鲜枣

（80 克）

牛奶

（200 克）

冰糖荸荠水

（荸荠 15 克，冰糖 3 克）

星期四晚餐

三洋黑包

主料：面粉 30 克，小麦胚粉 3 克

配料：白糖 5 克，葡萄干 3 克，黑芝麻 2 克，酵母适量

做法：

1 将酵母用温开水冲开，倒入面粉和小麦胚粉中，和成面团备用。

2 将黑芝麻炒熟，擀一下；葡萄干洗净备用。

3 将黑芝麻、葡萄干、白糖混合在一起，做成馅料。

4 将面团搓条，揪成若干个小剂子，擀成面皮，包入馅料。

5 上锅蒸 20～25 分钟，成熟后即可。

温馨提示
黑芝麻先炒熟，擀一下再用，口感更佳。

营养分析
黑芝麻含有丰富的维生素 A、B 族维生素、镁、钾、锌等，有补肾、促进新陈代谢、健脑益智、乌发养颜的功效。

菊花酥

主料：面粉 30 克，豆沙馅 10 克

配料：蛋黄液 5 克，猪油 2 克，白糖 2 克

做法：

1 将 4/5 的面粉和白糖加入水，和成皮面。

2 将 1/5 的面粉加入猪油，和成芯面。

3 把芯面包入皮面中，按平，擀成 5 毫米左右的片叠层，反复 3～4 次。

4 将面团揪成若干个小剂子，把剂子擀成面皮，包入豆沙馅。

5 再将包好馅的面团按压成 1 厘米厚的饼，用剪刀沿着饼的四周，均匀地剪 10 下左右，再把剪开的面拧成花瓣状，摆在烤盘中，表面刷上一层蛋黄液。

6 上烤箱烤，上火 180℃、底火 200℃，烤制 15～20 分钟，成熟后即可。

温馨提示
拧菊花瓣时，要顺着一个方向拧。

营养分析
豆沙馅含有丰富的蛋白质、脂肪、维生素 B_1、维生素 B_2、钙、铁等，有改善低血压、补血、消肿的功效。

素鸡烧面筋

- 主料：素鸡豆制品 10 克
- 配料：小白菜 50 克，面筋 10 克
- 调料：花生油 2 克，老抽 1 克，盐 1 克，白糖 0.3 克，水淀粉、香油、蒜末适量

做法：

1. 素鸡豆制品切成小块备用。
2. 小白菜洗净，切成段，焯水后，控干水分；面筋切开，焯水后，控干水分备用。
3. 锅中放入花生油，煸炒蒜末后，下入素鸡豆制品块、面筋块，最后放入小白菜段和调料，翻炒均匀，出锅前勾入水淀粉，淋入香油即可。

温馨提示
面筋要多焯烫一会儿，以免过硬。

营养分析
豆制品含有丰富的蛋白质、钙、铁、磷等，有降低胆固醇、加速新陈代谢的作用。

112

蔬菜培根双脆

主料：西芹 40 克，苦瓜 20 克

配料：培根 15 克，红柿子椒 5 克

调料：花生油 2 克，盐 1 克，白糖 0.3 克，水淀粉、香油、葱末、姜末适量

做法：

1　培根切成片，煸熟后备用。

2　西芹、红柿子椒洗净，切成片；苦瓜洗净，去瓤，切成片备用。

3　锅中放入花生油，煸炒葱、姜末出香味后，再放入西芹片、苦瓜片、红柿子椒片，炒透后，放入培根和调料炒均匀，最后勾入水淀粉，淋入香油即可。

温馨提示

苦瓜要去芯，焯水后再用，去除苦味。

营养分析

苦瓜含有丰富的维生素 C、硒、锌、钾等，有清热益气、补肾健脾、滋肝明目的功效。

枝竹排骨汤

主料：猪排骨 20 克

配料：平菇 10 克，小枣 2 克，枸杞 1 克，党参 1 克

调料：盐 1.5 克，胡椒粉适量

做法：

1　平菇洗净，切成小片备用。猪排骨洗净，冷水下锅，开锅后去浮沫，大火烧开后，再改小火炖制。

2　待猪排骨汤汁变浓、变白后，改微火，放入枸杞、党参、小枣、蘑菇和调料调味。

3　小火煨制 40 分钟后即可。

温馨提示

猪排骨先用水浸泡，泡去血水后再用，口感更佳。

营养分析

此汤含有丰富的蛋白质、脂肪、钙、铁、镁、钾、锌等，有补钙、美颜、益气活血、强筋健骨的功效。

星期五早餐

什锦果仁窝头

- **主料**：玉米面20克，面粉5克，小麦胚粉3克
- **配料**：红糖7克，豆粉5克，核桃仁2克，松子仁2克，葵花子2克，酵母适量
- **做法**：

1 将各种果仁在烤箱中烤熟，擀一下备用。

2 用温水冲开酵母，倒入玉米面、面粉、小麦胚粉、红糖、豆粉和果仁，一起和成面团。

3 将面团揪成若干个小剂子，做成窝头的形状。

4 上锅蒸30～40分钟，成熟后即可。

温馨提示

和面时，注意软硬适度，过软不成型，过硬口感不好。

营养分析

玉米面含有丰富的碳水化合物、膳食纤维、磷、钾等，有利尿、降压、止血、止泻、助消化的功效。

拌四丝

- 主料：土豆15克
- 配料：胡萝卜15克，海带8克，红柿子椒5克
- 调料：盐1克，香油适量
- 做法：

1 土豆、胡萝卜洗净，去皮，切丝；海带切丝，斩成段；红柿子椒洗净，切丝备用。

2 所有原料用开水焯烫后，晾凉备用。

3 将所有焯熟的丝放入盐、香油，搅拌均匀即可。

温馨提示
幼儿食用时，采用热拌的方式，不过凉水，以免引起肠道不适、腹泻等。

营养分析
胡萝卜含有丰富的钙、磷、维生素 B_2、维生素 E、氟等，有利五脏、通经脉、清胃热的功效。

炸羊肉串

- 主料：羊肉20克
- 调料：花生油3克，盐1.5克，孜然粉适量
- 做法：

1 羊肉洗净，切丁，放入盐、孜然粉，腌制3小时后，穿成串儿备用。

2 锅中放入花生油，油温烧至五成热，下入羊肉串，炸至成熟即可。

温馨提示
羊肉选用羊后腿肉，口感更佳。

营养分析
羊肉含有丰富的蛋白质、脂肪、多种矿物质元素、维生素 A、维生素 B_2、维生素 C、烟酸等，有益气血、补虚损、温元阳的功效。

牛奶

（200克）

加餐

苹果

（65克）

琥珀桃仁

（核桃仁10克，
白糖3克）

冰糖胡萝卜水

（胡萝卜15克，
冰糖3克）

好吃多蘑

▥ 主料：口蘑10克，香菇10克，金针菇10克
▥ 配料：胡萝卜5克，玉米粒5克，豌豆5克，柿子椒5克，枸杞适量
▥ 调料：花生油2克，盐1克，白糖0.3克，香油、蒜末适量
▥ 做法：

1 各种蘑菇洗净，切碎备用。

2 胡萝卜洗净，切丁；柿子椒切小片；枸杞用温水泡一下，捞出备用。

3 锅中放入花生油，煸炒蒜末后，下入各种蘑菇碎和胡萝卜丁、柿子椒片、玉米粒、豌豆、枸杞和调料调味，出锅前淋入香油即可。

温馨提示
选用多种蘑菇时，可以加入适量的滑子菇，口感更佳。

营养分析
此菜含有丰富的蛋白质、碳水化合物、膳食纤维、钾、钙、镁等，有滋养脾胃、降温祛风、舒筋活络的功效。

主料：猪里脊 35 克

配料：葱丝 5 克，豆腐皮 5 克

调料：甜面酱 4 克，花生油 4 克，白糖 2 克，盐 1 克

做法：

1 猪里脊切丝，下入二三成热的油锅内滑熟备用。

2 干豆腐皮切成正方形的大片，蒸透备用。

3 锅中放入花生油，煸炒甜面酱，放入肉丝和调料，翻炒熟。出锅时，把葱丝铺在肉丝上，配上干豆腐皮即可。

温馨提示

炒酱时，不要用大火，以免甜面酱炒糊，影响口感。

营养分析

猪里脊含有丰富的蛋白质、脂肪、B 族维生素、钙、磷、铁、烟酸等，有消除疲劳、滋阴润燥、健脾益气的功效。

京酱肉丝

番茄蛋花汤

主料：番茄 20 克

配料：鸡蛋 10 克

调料：盐 1 克，水淀粉、香油适量

做法：

1 番茄洗净，切小块备用。

2 鸡蛋打散备用。

3 锅中放入适量的水，烧开后，放入番茄块煮 20 分钟，加盐调味，勾入水淀粉，洒入鸡蛋液，出锅前淋入香油即可。

温馨提示

洒蛋液制作蛋花时，要将全部蛋液一次性、快速地洒入汤中。

营养分析

番茄含有丰富的有机酸、维生素 A、B 族维生素、维生素 C、钙、磷、钾、镁等，有健胃消食、清热解毒、降脂降压的功效。

主料：大米 50 克

配料：圆白菜 20 克，鸡蛋 10 克

调料：花生油 2 克，盐 1 克，香油适量

做法：

1 大米淘洗干净，加水上锅蒸 1 小时，成熟后备用。

2 鸡蛋加少许水和盐打散，用平底锅摊成蛋皮，切丝备用。

3 圆白菜择洗干净，切丝备用。

4 锅中放入花生油，下入圆白菜丝炒至八成熟时，放入蛋皮丝、盐，淋上香油。

5 将炒好的菜均匀地摆放在蒸熟的米饭旁边即可。

温馨提示

摊蛋皮时，要比平常的蛋皮稍厚些，方便切丝。

营养分析

圆白菜含有丰富的维生素 C、膳食纤维、多种矿物质元素，有利五脏、抑菌消炎的功效。

丝蛋圆白菜盖浇饭

午点

羊角酥

⬛ 主料：面粉10克，黄油8克

⬛ 配料：鲜奶油4克，蛋黄液2克，砂糖2克，盐0.5克

⬛ 做法：

1 将4/5的面粉加少许盐，用1/3的黄油均匀搓开，倒入水和成皮面。

2 再用2/3的黄油加1/5的面粉，搓成芯面。

3 用皮面包入芯面，擀成厚面片，叠层，反复擀3～4次，制成清酥面。

4 将做好的清酥面擀成3毫米左右的片，用刀切成宽1厘米的长条状，刷少许水。

5 取羊角模具，将面放在模具上。

6 刷少许蛋黄液后，再撒上砂糖，上220℃的烤箱烤15分钟左右。

7 将烤好的羊角酥从模具中取出，放凉，鲜奶油打发，挤入羊角酥中即可。

梨
（100克）

酸奶
（100克）

冰糖红豆水
（红豆7克，冰糖3克）

星期五晚餐

什锦炒饭

▧ 主料：大米 40 克
▧ 配料：香肠 10 克，香菇 10 克，豌豆 5 克，玉米粒 5 克
▧ 调料：花生油 2 克，盐 2 克
▧ 做法：

1 大米淘洗干净，加水，上锅蒸 1 小时，取出备用。

2 香菇洗净，切碎；香肠切碎备用。

3 锅中放入花生油，油热后，放入香菇碎、香肠碎、豌豆、玉米粒翻炒，加盐调味，倒入米饭再进行翻炒，至所有料均匀成熟即可。

温馨提示
用于炒饭的米饭，要少放一些水，蒸得稍硬一些，再做成炒饭时，口感更佳。

营养分析
此饭含有丰富的脂肪、蛋白质、碳水化合物、B 族维生素、铜、锌、磷、铁等，有健脾开胃、生津益血的功效。

豆苗猪肝蛋花汤

▧ 主料：豆苗 15 克
▧ 配料：鸡蛋 15 克，猪肝 7 克
▧ 调料：盐 1 克，水淀粉、香油适量
▧ 做法：

1 豆苗洗净；鸡蛋打散备用。

2 猪肝用凉水浸泡 3 小时，去除血水后，切成小薄片备用。

3 锅中放入适量的水，烧开后放入猪肝片、豆苗和盐调味，勾入水淀粉，洒入鸡蛋液，出锅前淋入香油即可。

温馨提示
猪肝要在冷水中浸泡，反复换水，去除血污。

营养分析
猪肝有丰富的蛋白质、脂肪、多种维生素、锌、铁等，有补肝明目、养血、保护视力、抗氧化、防衰老的功效。

秋季一周带量食谱

	星期一		星期二		星期三
	食谱／页码	带量／人	食谱／页码	带量／人	食谱／页码
早餐	鸡蛋豆炒胡萝卜／86	胡萝卜25克，鸡蛋15克，黄豆5克，花生油2克，盐1.5克，白糖0.5克	麻蓉糕／94	面粉35克，小麦胚粉3克，芝麻酱10克，红糖10克，芝麻2克	木须菜／100
	小刺猬／87	面粉35克，豆沙馅10克	五香鹌鹑蛋／94	鹌鹑蛋30克，盐2克	芸豆粥／101
	燕麦枣羹／87	大米15克，燕麦片7克，小枣(无核)5克	豆炒芥菜／95	芥菜头25克，青豆10克，花生油1克，盐1克，老抽1克	奶香热狗／101
			小米南瓜粥／95	小米15克，南瓜5克	
加餐	酸奶／87 香蕉／87 冰糖萝卜水／87	酸奶100克 香蕉65克 萝卜10克，冰糖3克	火龙果／95 酸奶／95 冰糖菊花水／95	火龙果65克 酸奶100克 冰糖3克，菊花2克	橙子／101 奶酪／101 冰糖菜根水／101
午餐	芸豆米饭／88	大米50克，红芸豆10克	八仙小炒／96	芹菜20克，胡萝卜10克，香菇10克，豌豆10克，玉米粒10克，火腿10克，红柿子椒5克，蟹肉棒5克，盐1.5克，花生油1克，白糖0.5克	太阳米饭／102
	三丝鲜贝汤／88	鲜贝15克，鸡蛋10克，火腿5克，香菇5克，胡萝卜3克，盐1.5克			碧绿香菇鸡蛋汤／102
	糖醋山药鸡／89	鸡腿肉35克，山药15克，醋3克，花生油2克，白糖2克，盐1克	珍珠丸子／97	猪肉馅35克，糯米25克，盐2克	百花日本豆腐／103
	蚝油平菇／89	平菇70克，花生油2克，盐1克，蚝油1克	红枣米饭／97	大米50克，小枣（无核）10克	金葱燷牛方／103
			蟹肉白萝卜汤／97	白萝卜20克，蟹足棒10克，鸡蛋10克，盐1.5克	
午点	肉松球／90	面粉10克，小麦胚粉3克，土豆3克，猪肉松2克，胡萝卜2克，莲藕2克	咖喱酥饺／98	面粉10克，黄油5克，芹菜5克，培根5克，咖喱酱1克，盐1克	蒸红薯／104 苹果／104 牛奶／104 冰糖甘蔗汁／104
	苹果／90 牛奶／90 冰糖山楂水／90	苹果100克 牛奶200克 冰糖3克，山楂干2克	梨／98 牛奶／98 冰糖莲藕水／98	梨100克 牛奶200克 莲藕20克，冰糖3克	
晚餐	柴巴卷／91	面粉40克，白糖1克	老北京炸酱面／99	面条75克，五花肉丁12克，黄瓜10克，芹菜10克，绿豆芽10克，小水萝卜10克，干黄酱10克，甜面酱5克，花生油5克	鸳鸯饺子／105
	虎皮蛋糕／91	鸡蛋25克，白糖6克，面粉5克，可可粉1克			
	麦当汤／92	豌豆10克，玉米粒10克，香菇10克，胡萝卜6克，鸡蛋5克，盐1.5克	面汤／99	面粉0.5克	饺子汤／105
	蒜苗牛肉炒豆皮／93	蒜苗40克，牛肉粒10克，干豆皮10克，花生油2克，盐2克			
	红烧土豆／93	土豆30克，芹菜15克，胡萝卜10克，番茄酱3克，花生油3克，盐1.5克			

日人均总带量	谷类及糕点	175.00	奶制品	0.00	谷类及糕点	226.50	奶制品	5.00	谷类及糕点	166.50
	豆类及豆制品	45.00	蛋类	55.00	豆类及豆制品	20.00	蛋类	40.00	豆类及豆制品	35.00
	蔬菜类	165.00	糖类	13.00	蔬菜类	150.00	糖类	16.00	蔬菜类	173.00
	水果类	172.00	肝类	0.00	水果类	175.00	肝类	0.00	水果类	165.00
	肉类及肉制品	52.00	鱼虾类	15.00	肉类及肉制品	62.00	鱼虾类	10.00	肉类及肉制品	95.00
	油脂类	11.00	菌藻类	85.00	油脂类	7.00	菌藻类	10.00	油脂类	6.00
	鲜奶酸奶	300.00	豆浆豆奶	0.00	鲜奶酸奶	300.00	豆浆豆奶	0.00	鲜奶酸奶	204.00

星期三	星期四		星期五	
带量／人	食谱／页码	带量／人	食谱／页码	带量／人
鸡蛋20克，黄瓜20克，木耳5克，干黄花菜3克，花生油3克，盐1.5克，白糖0.5克 大米15克，红芸豆5克，冰糖3克 面粉30克，黄油5克，小麦胚粉3克，香肠15克，奶粉4克	双色巧克力花卷 / 106 什锦虾皮丸子 / 107 红豆粥 / 107	面粉35克，小麦胚粉3克，白糖1克，可可粉1克 胡萝卜20克，虾皮10克，猪肉馅5克，面粉7克，淀粉5克，花生油4克，盐0.5克 大米15克，红豆5克	什锦果仁窝头 / 114 拌四丝 / 115 炸羊肉串 / 115 牛奶 / 115	玉米面20克，面粉5克，小麦胚粉3克，红枣7克，豆粉5克，核桃仁2克，松子仁2克，葵花子2克 土豆15克，胡萝卜15克，海带8克，红柿子椒5克，盐1克 羊肉20克，花生油3克，盐1.5克 牛奶200克
橙子65克 奶酪20克 芹菜5克，白萝卜5克，胡萝卜5克，冰糖3克	白兰瓜 / 107 酸奶 / 107 冰糖百合水 / 107	白兰瓜65克 酸奶100克 冰糖3克，百合2克	苹果 / 115 琥珀桃仁 / 115 冰糖胡萝卜水 / 115	苹果65克 核桃仁10克，白糖3克 胡萝卜15克，冰糖3克
大米50克，鸡蛋15克 菠菜15克，鸡蛋10克，香菇5克，盐1克 日本豆腐30克，虾仁15克，红、绿柿子椒各5克，盐1.5克，白糖0.5克 牛腰窝40克，冬笋15克，胡萝卜15克，葱段5克，花生油2克，盐1克，老抽1克，白糖0.5克	五仁米饭 / 108 香菇紫菜鸡蛋汤 / 108 老家带鱼 / 109 素烧小萝卜 / 109	大米50克，松子仁2克，葵花子2克，核桃仁2克，玉米粒2克，腰果2克 鸡蛋10克，香菇7克，紫菜2克，盐1.5克 带鱼75克，冬笋5克，香菇5克，番茄沙司5克，花生油5克，白糖1克，盐1克 小萝卜75克，青蒜5克，花生油2克，白糖2克，盐1克	好吃多蘑 / 116 京酱肉丝 / 117 番茄蛋花汤 / 117 丝蛋圆白菜盖浇饭 / 117	口蘑10克，香菇10克，金针菇10克，胡萝卜5克，玉米粒5克，豌豆2克，柿子椒5克，花生油2克，盐1克，白糖0.3克 猪里脊35克，葱丝5克，豆腐皮5克，甜面酱4克，花生油4克，白糖2克，盐1克 番茄20克，鸡蛋10克，盐1克 大米50克，圆白菜20克，鸡蛋10克，花生油2克，盐1克
红薯25克 苹果100克 牛奶200克 甘蔗15克，冰糖3克	面包圈 / 110 鲜枣 / 110 牛奶 / 110 冰糖荸荠水 / 110	面粉10克，奶粉3克，黄油5克，花生油3克 鲜枣80克 牛奶200克 荸荠15克，冰糖3克	羊角酥 / 118 梨 / 118 酸奶 / 118 冰糖红豆水 / 118	面粉10克，黄油8克，鲜奶油4克，蛋黄液2克，砂糖2克，盐0.5克 梨100克 酸奶100克 红豆7克，冰糖3克
面粉65克，白菜40克，猪肉馅40克，小麦胚粉3克，菠菜10克，盐1.5克，香油1克 面粉0.5克	三洋黑包 / 111 菊花酥 / 111 素鸡烧面筋 / 112 蔬菜培根双脆 / 113 枝竹排骨汤 / 113	面粉30克，小麦胚粉3克，白糖5克，葡萄干3克，黑芝麻2克 面粉30克，豆沙馅10克，蛋黄液5克，猪油2克，白糖2克 素鸡豆制品10克，小白菜50克，面筋10克，花生油2克，老抽1克，盐1克，白糖0.3克 培根15克，西芹40克，苦瓜20克，红柿子椒5克，花生油2克，盐1克，白糖0.3克 猪排骨20克，平菇10克，小枣2克，枸杞1克，党参1克，盐1.5克	什锦炒饭 / 119 豆苗猪肝蛋花汤 / 119	大米40克，香肠10克，香菇10克，豌豆5克，玉米粒5克，花生油2克，盐2克 豆苗15克，鸡蛋15克，猪肝7克，盐1克

星期三		星期四				星期五			
奶制品	29.00	谷类及糕点	195.00	奶制品	7.00	谷类及糕点	148.00	奶制品	15.00
蛋类	45.00	豆类及豆制品	25.00	蛋类	15.00	豆类及豆制品	27.00	蛋类	37.00
糖类	6.00	蔬菜类	238.00	糖类	18.00	蔬菜类	120.00	糖类	20.00
肝类	0.00	水果类	150.00	肝类	0.00	水果类	165.00	肝类	7.00
鱼虾类	15.00	肉类及肉制品	40.00	鱼虾类	85.00	肉类及肉制品	65.00	鱼虾类	0.00
菌藻类	10.00	油脂类	17.00	菌藻类	24.00	油脂类	9.00	菌藻类	58.00
豆浆豆奶	0.00	鲜奶酸奶	302.00	豆浆豆奶	0.00	鲜奶酸奶	303.00	豆浆豆奶	0.00

一、平均每人每日进食量表

食物类别	数量（克）
细粮	167.40
杂粮	13.40
糕点	1.40
干豆类	15.40
豆制品	15.00
蔬菜总量	169.20
水果	165.40
乳类	11.20
鲜奶、酸奶	280.00
豆浆、豆奶	0.00

食物类别	数量（克）
蛋类	38.40
肉类	62.80
肝	1.40
鱼	25.00
糖	14.60
食油	10.00
调味品	7.00
菌藻类	37.40
干果	5.60

二、营养素摄入量表

［要求日托儿童每人每日各种营养素摄入量占 DRIs（平均参考摄入量）的 75% 以上，混合托占 80% 以上，全托占 90% 以上］

	热量（千卡）	热量（千焦）	蛋白质	脂肪	视黄醇当量	维生素 B_1	维生素 B_2	维生素 C	钙	锌	铁
平均每人每日	1576.238	6594.978	60.366	31.864	655.684	0.859	0.956	90.216	747.477	9.627	13.086
平均参考摄入量	1523.220	6373.152	52.730		593.860	0.690	0.690	69.390	787.710	11.820	12.000
比较 %	103.5	103.5	114.5		110.4	124.5	138.6	130.0	94.9	81.4	109.1

三、热量来源分布表

		脂肪 要求	脂肪 现状	蛋白质 要求	蛋白质 现状
摄入量	（千卡）		502.256		241.464
	（千焦）		2101.441		1010.285
占总热量 %		30～35	31.9	12～15	15.3

四、蛋白质来源分布表

	优质蛋白质 要求	优质蛋白质 动物性食物	优质蛋白质 豆类
摄入量（克）	—	27.523	5.300
占蛋白质总量 %	≥50%	45.6	8.8

五、配餐能量结构表

	标准	平均	星期一	星期二	星期三	星期四	星期五
早餐（%）	25～30	23.32	307.18/21.35	405.48/22.91	393.14/26.83	343.67/20.05	388.65/26.02
加餐（%）		6.48	117.68/8.18	111.62/6.31	109.67/7.49	99.05/5.78	72.69/4.87
午餐（%）	35～50	26.00	359.70/25.01	542.05/30.63	328.93/22.45	407.05/23.74	411.56/27.55
午点（%）		18.93	267.14/18.57	310.44/17.54	234.00/15.97	369.29/21.54	311.38/20.85
晚餐（%）	20～30	25.26	386.77/26.89	400.15/22.61	399.30/27.26	495.25/28.89	309.33/20.71
全天（千卡）		1438.47	1769.74	1465.05	1714.31	1493.61
全天（千焦）		6018.57	7404.61	6129.78	7172.66	6249.28

冬季

星期一 早餐

小猪糖包

- **主料**：面粉 25 克，小麦胚粉 3 克
- **配料**：红糖 3 克，可可粉 1 克，酵母适量
- **做法**：

1 将面粉、小麦胚粉、酵母和匀，加水和成面团，揪成若干个剂子，擀成面皮，包入红糖。

2 用一点面团加入可可粉，揉成可可粉面团备用。

3 用可可粉面团捏出小猪的眼睛、耳朵和鼻子，装饰小猪，上蒸锅，蒸 30 分钟即可。

煮鸡蛋
（鸡蛋 40 克）

温馨提示
面团搁置的时间不宜过长，否则面团变软，容易影响成品美观。

营养分析
红糖含有丰富的钙、磷、钾、铁、镁等，有促进血液循环、化瘀止痛、增加能量的功效。

虾条炒小白菜

主料：小白菜 20 克

配料：虾条豆制品 8 克，红柿子椒 1 克

调料：花生油 1 克，盐 1 克，白糖 0.3 克，葱花、大料、香油适量

做法：

1 小白菜洗净，焯水，切成 3 厘米长的段；红柿子椒洗净，切丝备用。

2 虾条豆制品改刀备用。

3 锅中放入花生油，炒香大料，下入虾条豆制品和葱花煸炒，最后放入小白菜段、红柿子椒丝炒匀，加入调料调味，出锅前淋香油即可。

温馨提示

小白菜要焯水后再用，去除菜叶中的大量草酸。

营养分析

小白菜含有丰富的膳食纤维、维生素 B_1、维生素 B_2 等，有消肿散结、通利胃肠的功效。

小枣薏米粥

主料：大米 10 克，薏米 5 克

配料：小枣（去核）5 克

调料：冰糖 3 克

做法：

1 薏米用凉水浸泡 3 个小时后备用。

2 大米、薏米洗净，放入开水锅中，大火煮至完全成熟后，放入小枣，再煮 5 分钟后关火。

3 煮好的粥放入冰糖，溶开后，搅匀即可。

温馨提示

小枣煮制时间不宜过长，否则粥容易有苦味。

营养分析

薏米含有丰富的碳水化合物、维生素 A、钙、磷、钾等，有消积化滞、除湿解毒的功效。

加餐

香蕉
（65 克）

酸奶
（100 克）

冰糖菜根水
（芹菜 5 克，白萝卜 5 克，胡萝卜 5 克，冰糖 3 克）

星期一午餐

南瓜子米饭

■ 主料：大米 50 克

■ 配料：南瓜子 10 克

■ 做法：

1 南瓜子用烤箱 140℃烤 20 ～ 25 分钟备用。

2 大米洗净，放入容器中，加上水。

3 上锅蒸 40 分钟，成熟后备用。

4 将烤好的南瓜子均匀地撒在米饭上，铺满表面即可。

温馨提示
选用南瓜子时，要先品尝一下，确认无异味再用。

营养分析
南瓜子含有丰富的蛋白质、胡萝卜素、B 族维生素、维生素 C、钙、锌等，有补中益气、解毒杀虫、降糖止渴的功效。

松仁玉米

■ 主料：玉米粒 50 克

■ 配料：胡萝卜 20 克，松子仁 5 克

■ 调料：花生油 2 克，盐 1.5 克，白糖 0.5 克，水淀粉、香油、葱花适量

■ 做法：

1 松子仁用低温的花生油炸熟后，控油备用。

2 胡萝卜洗净，去皮，切小丁，和玉米粒一起焯水备用。

3 锅中放入花生油，煸香葱花，加适量的水，放入盐、白糖调味后，勾入水淀粉，下入胡萝卜丁、玉米粒炒匀，出锅前撒入松子仁即可。

温馨提示
为了使菜品美观，可在配料中增加黄瓜、豌豆等原料。

营养分析
松子仁含有丰富的蛋白质、脂肪、不饱和脂肪酸、钙、磷、铁等，有益气通便、润肺止咳、健脑、降低胆固醇的功效。

羊肉莲藕汤

- 主料：羊肉70克，莲藕15克
- 配料：枸杞2克，香菜1克
- 调料：盐1克，胡椒粉适量
- 做法：

1 莲藕洗净，去皮，切片后，放入凉水里浸泡备用；枸杞用温水泡一下；香菜洗净，切末备用。

2 羊肉洗净，切小块备用。

3 锅中放入适量的水，冷水下入羊肉块，大火烧开，撇去浮沫，放入莲藕片，改小火，放入盐、胡椒粉，煨制2个小时后即可。

温馨提示

切好的莲藕最好用冷水浸泡，减少淀粉含量。

营养分析

莲藕含有丰富的膳食纤维、B族维生素、维生素C、钙、磷、铁、鞣酸等，有清热解渴、止血化痰的功效。

毛氏红烧肉

- 主料：五花肉30克
- 配料：香菇30克
- 调料：花生油1克，老抽1克，盐1克，白糖0.5克，酱豆腐、料酒、葱段、姜片、蒜末、大料、花椒、桂皮适量
- 做法：

1 五花肉洗净，切成块，焯水后备用；香菇洗净，切成块；把大料、花椒、桂皮用纱布包成料包备用。

2 锅中放入花生油，放入白糖炒糖色，下入焯好的五花肉煸炒，烹入料酒、老抽、葱段、姜片、蒜末煸炒出油。

3 加入少量的酱豆腐、料包和适量的开水，大火炖5分钟，改小火炖30分钟。肉快熟时，加入盐调味，并下入香菇块炖熟即可。

温馨提示

制作红烧肉时，最好选用精瘦五花肉。

营养分析

猪肉含有丰富的蛋白质、脂肪、维生素A、维生素C、钙、铁、镁等，有增强体力、消除疲劳、美肤补血的功效。

午点

九层糕

▨ 主料：牛奶15克，可可粉5克

▨ 配料：荸荠粉5克，白糖5克

▨ 做法：

1 将牛奶加入白糖，熬开后，取出1/2，倒入可可粉，制成可可奶，晾凉后备用。

2 荸荠粉用冷水调开，分别放入剩下1/2的牛奶和可可奶中备用。

3 把调好的牛奶荸荠糊取少许，放入方形的盒子中，上蒸锅蒸5分钟，再把同样剂量的可可奶荸荠糊倒在第一层奶胚上蒸5分钟。这样反复蒸出9层糕胚，出锅，放入冰箱冷藏晾凉，切块后即可。

梨

（100克）

牛奶

（200克）

冰糖山楂水

（冰糖3克，山楂干2克）

星期一晚餐

牛肉蔬菜面

▣ 主料：面条 75 克，牛肉 20 克
▣ 配料：小水萝卜 10 克，鸡蛋 2 克，香菜 2 克，柿子椒 1 克
▣ 调料：盐 2 克，酱油 1 克，花生油适量
▣ 做法：

1　牛肉洗净，切块后，用凉水浸泡备用；小水萝卜洗净，切丝；柿子椒洗净，切小粒；鸡蛋打散，用花生油摊成蛋皮，切成丝；香菜洗净，切段；面条煮熟备用。

2　浸泡好的牛肉凉水下锅，大火烧开，撇去浮沫，放入盐、酱油后，改小火慢炖 2 个小时。

3　待牛肉成熟后，放入小水萝卜丝、蛋皮丝、柿子椒粒、香菜段，浇在煮熟的面条上即可。

温馨提示
牛肉用小火慢炖，更容易将牛肉炖烂，口感更佳。

营养分析
牛肉含有丰富的蛋白质、脂肪、维生素 A、B 族维生素、锌、钙、铁等，有滋养脾胃、益气血、强筋骨、抗寒的功效。

面汤
（面粉 0.5 克）

蛋黄甘露酥

主料：面粉20克，黄油10克

配料：鸡蛋10克，白糖3克，奶粉2克，玉米淀粉适量

做法：

1 用2/5的鸡蛋去清取蛋黄，加入少许水、一半的白糖、玉米淀粉和一半的奶粉搅匀后，上锅蒸，每分钟搅拌1次，直到成形，制成奶黄馅。

2 面粉加入黄油、3/5的鸡蛋、剩下的白糖和奶粉，和成面团。

3 面团分成若干个剂子，擀成面皮，包入奶黄馅，放入烤盘。

4 烤盘上烤箱，上火180℃、底火200℃，烤制25分钟即可。

温馨提示

制作蛋黄甘露酥时，最好用手和面，把黄油充分揉入面粉中。

营养分析

鸡蛋含有丰富的蛋白质、卵磷脂、钙、锌、磷、钾等，有补气养血、滋阴清肺的功效。

炒三丁

主料：胡萝卜15克，土豆10克

配料：青豆5克

调料：盐1.5克，花生油1克，白糖0.5克，香油、蒜末适量

做法：

1　胡萝卜、土豆洗净，去皮，切丁；青豆洗净，煮熟备用。

2　锅中放入花生油，煸炒蒜末出香味后，下入胡萝卜丁、土豆丁，炒熟后，放入煮熟的青豆和调料调味，出锅前淋入香油即可。

温馨提示

此菜可以有两种吃法，夏季可将主料和配料焯熟后，热拌，不过冷水，冬季适宜炒制。

营养分析

此菜含有丰富的碳水化合物、膳食纤维、B族维生素、胡萝卜素、钙、铁、钾、锌等，有益气健脾、解毒、保护视力的功效。

香菇肉松粥

主料：大米15克

配料：香菇2克，猪肉松2克

调料：盐1克

做法：

1　香菇洗净，切碎后备用。

2　大米洗净，放入开水锅中，大火煮至完全成熟后，放入香菇碎、猪肉松，再煮5分钟后关火。

3　煮好的粥放入盐调味即可。

温馨提示

制作时，直接将猪肉松均匀地撒在煮好的粥上，不用煮制，口感更佳。

营养分析

香菇含有丰富的B族维生素、铁、钾、钙、碘、镁等，有降血压、降血脂、提高免疫力的功效。

加餐

 火龙果
（65克）

 酸奶
（100克）

 冰糖萝卜水
（萝卜10克，冰糖2克）

星期 **午餐**

地鲜焖羊肉

- 主料：羊肉 50 克
- 配料：土豆 15 克，胡萝卜 15 克
- 调料：生抽 1 克，盐 1 克，白糖 0.3 克，料酒、葱段、姜片、蒜瓣、大料、花椒、小茴香适量
- 做法：

1. 胡萝卜和土豆洗净，去皮，切小丁；大料、花椒、小茴香洗净，用纱布包好，做成料包备用。

2. 羊肉洗净，切块，冷水下锅，开锅后撇去浮沫，放入葱段、姜片、蒜瓣、料包炖制，加入调料调味。

3. 快熟时，再下入土豆丁、胡萝卜丁，一起焖至成熟即可。

温馨提示
羊肉最好用小火慢炖，容易软烂。制作过程中，少放或不放深色调料为宜。

营养分析
羊肉含有丰富的蛋白质、脂肪、多种矿物质元素、烟酸、维生素 A、维生素 B_2、维生素 C 等，有益气血、补虚损、温元阳的功效。

菠萝米饭

- 主料：大米 50 克
- 配料：菠萝 10 克
- 做法：

1. 菠萝洗净，去皮，切丁备用。

2. 将大米洗净，放入容器中，加上水。

3. 将菠萝丁均匀地撒在大米上，铺满表面。

4. 上锅蒸 40 分钟，成熟即可。

温馨提示
菠萝切好后，用淡盐水浸泡一下，容易激发出菠萝中的甜味。

营养分析
菠萝含有丰富的有机酸、维生素 C、胡萝卜素、维生素 B_1、烟酸、钙、铁、镁等，有清热解渴、消食除腻、止泻、活血化瘀的功效。

虾仁油菜炒魔芋

◍ 主料：油菜 40 克

◍ 配料：虾仁 25 克，魔芋 10 克

◍ 调料：花生油 2 克，盐 1 克，白糖 0.3 克，水淀粉、葱花适量

◍ 做法：

1 油菜洗净，焯水，切成 2 厘米长的段备用。

2 魔芋改刀，焯水；虾仁洗净，去虾线，用少许盐抓匀，焯水备用。

3 锅中放入花生油，煸香葱花，加水和调料调味，勾入水淀粉后，下入备用原料，炒熟即可。

温馨提示

虾仁要去虾线，否则会影响口感。

营养分析

油菜含有丰富的膳食纤维、钙、钾、铁、维生素 A、B 族维生素、维生素 C 等，有降低血脂、解毒消肿、宽肠通便的功效。

什锦冬瓜汤

◍ 主料：冬瓜 30 克

◍ 配料：香菇 5 克，虾皮 2 克，香菜 1 克

◍ 调料：盐 1.5 克，香油适量

◍ 做法：

1 冬瓜洗净，去皮，切小片备用。

2 香菇洗净，切片；香菜洗净，切末备用。

3 锅中放入适量的水，烧开后，放入冬瓜片、香菇片、虾皮和盐调味，煮制 15 分钟后，出锅前淋入香油，撒上香菜末即可。

温馨提示

虾皮可先用温水浸泡，去除苦咸味再用。

营养分析

冬瓜含有丰富的胡萝卜素、B 族维生素、钙、磷、铁等，有利尿消肿、清热解毒的功效。

午点

山楂方

■ 主料：面粉10克，黄油5克

■ 配料：山楂糕6克，蛋黄液1克

■ 做法：

1 面粉加入黄油，和成黄油酥面备用。

2 山楂糕切片，把黄油酥面擀成大片，放上山楂糕片，叠起来，切成小块，刷上蛋黄液，上烤盘。

3 烤盘入烤箱，上火200℃、底火220℃，烤制20分钟即可。

苹果

（100克）

牛奶

（200克）

冰糖梨水

（梨10克，冰糖3克）

星期二 晚餐

蛋黄南瓜眼

- 主料：南瓜 35 克
- 配料：鸡蛋 10 克
- 调料：花生油 4 克，盐 1.5 克，白糖 0.3 克，水淀粉、葱花适量
- 做法：

1 南瓜洗净，去皮、去瓤，切小块，焯水；鸡蛋打散备用。

2 锅中放入花生油，倒入鸡蛋液，炒鸡蛋，加葱花，加入水和调料调味，勾入水淀粉，下入南瓜丁炒匀即可。

温馨提示

如果选用小的、嫩的南瓜，可以不去皮，营养更丰富。

营养分析

南瓜含有丰富的蛋白质、碳水化合物、B 族维生素、维生素 C、胡萝卜素、钙、锌等，有补中益气、解毒降糖、生津止渴的功效。

冰花蝴蝶酥

- 主料：面粉 20 克，黄油 10 克，牛奶 5 克
- 配料：砂糖 2 克
- 做法：

1 将一半的面粉加入水和牛奶，和成水面团备用。

2 取剩下的面粉，用黄油和成黄油面团，用水面团包入黄油面团，擀成大片，叠起，放入冰箱冷藏，反复 3 次。

3 将面团擀成大薄片，两边对卷到中间，切成片，拼成蝴蝶形，表面撒上砂糖后，入烤箱，上火220℃、底火180℃，烤制20分钟即可。

温馨提示
擀酥皮面时，注意不要太过用力，否则容易漏馅、破皮，影响成品美观。

营养分析
砂糖含有丰富的蛋白质、脂肪、膳食纤维、钾、磷、钙等，有润肺生津的功效。

黄金小豆卷

- 主料：面粉 30 克，小麦胚粉 3 克
- 配料：红豆 7 克，玉米面 5 克，红糖 2 克，酵母、桂花适量
- 做法：

1 把红豆蒸熟，放入红糖、桂花，用工具碾压成红豆沙馅备用。

2 把面粉、小麦胚粉、酵母和匀，加水和成面团，擀成面皮备用。

3 玉米面加水，和成玉米糊，抹在面皮上，加红豆沙馅卷成卷儿，搁置30分钟，上蒸锅，蒸30分钟即可。

温馨提示
红豆最好提前浸泡几个小时，这样容易蒸烂。

营养分析
红豆含有丰富的蛋白质、脂肪、维生素 B_1、维生素 B_2、钙、铁等，有健脾止泻、改善肠胃机能、补血消肿的功效。

四喜丸子

- 主料：猪肉馅 35 克
- 配料：香葱 2 克
- 调料：花生油 4 克，料酒、盐、老抽、水淀粉、姜末适量
- 做法：

1 将猪肉馅放人料酒、盐调匀，制成丸子馅；香葱洗净，切末备用。

2 锅中放人花生油，烧热，将丸子馅挤成若干个小肉丸，放人六成热的油锅中，炸至金黄色，外焦里嫩，捞出，控油备用。

3 将炸好的丸子对人适量的水和调料调味后，上蒸锅蒸 20 分钟，至成熟后，取出备用。

4 将蒸完后的汤汁倒人锅内，烧开，勾人适量水淀粉，制成芡汁，浇到丸子上，撒上香葱末即可。

营养分析

猪肉含有丰富的蛋白质、脂肪、B 族维生素、钙、磷、铁等，有增强体力、消除疲劳、滋阴润燥、美肤补血的功效。

温馨提示

炸丸子时，油温要略高，丸子少下，避免粘连。

紫米粥

- 主料：大米 10 克
- 配料：紫米 5 克
- 调料：冰糖 3 克
- 做法：

1 紫米用温水浸泡 3 小时后备用。

2 大米洗净，与泡好的紫米一同放入开水锅中，大火煮制，待完全成熟后关火。

3 把煮好的紫米粥放入冰糖，完全溶开后，搅匀即可。

温馨提示

紫米在存放时，可放几瓣大蒜，以免生虫。

营养分析

紫米含有丰富的碳水化合物、钙、磷、镁等，有补中益气、健脾养胃的功效。

星期二 早餐

菜肉小馄饨

- 主料：馄饨皮 10 克，猪肉馅 10 克
- 配料：韭菜 1 克，虾皮 1 克，紫菜 1 克，香菜 1 克
- 调料：盐 1 克，料酒、香油适量
- 做法：

1 韭菜洗净，切末，与猪肉馅、盐、料酒调好备用；香菜洗净，切末备用。

2 馄饨皮包入调好的肉馅，制成馄饨。

3 锅中放入适量的水，烧开后放入馄饨、虾皮、紫菜，待馄饨成熟后，撒入香菜末，出锅前淋入香油即可。

温馨提示
煮馄饨时，时间不宜过长，馄饨浮上来就熟了。

营养分析
猪肉含有丰富的蛋白质、脂肪、B 族维生素、钙、磷、铁等，有增强体力、美肤补血的功效。

138

老婆饼

- 主料：面粉30克，黄油5克，小麦胚粉3克
- 配料：枣泥馅10克，鸡蛋液2克，黑芝麻1克
- 做法：

1 取出3/5的面粉和一半的小麦胚粉，加入水，和成水面团备用。

2 取出2/5的面粉和一半的小麦胚粉，加入黄油，和成黄油面团。用水面团包裹住黄油面团，一起擀成大片，卷成卷儿，再揪成若干个小剂子。

3 把剂子擀成面皮，包入枣泥馅，按扁后，刷上鸡蛋液，撒上黑芝麻，放入烤盘，入烤箱，上火200℃、底火180℃，烤25分钟即可。

温馨提示

在要入烤箱烤的面坯表面划开两刀，有助于成熟。

营养分析

枣泥含有丰富的胡萝卜素、B族维生素、钙、铁、磷等，有降低胆固醇、提高血清白蛋白含量、保护肝脏的功效。

糖醋萝卜丁

- 主料：白萝卜15克，胡萝卜5克
- 配料：青蒜1克
- 调料：白糖3克，花生油2克，醋2克，盐1克，生抽、水淀粉、葱花、蒜末适量
- 做法：

1 白萝卜、胡萝卜洗净，去皮，切小丁，焯水备用。

2 青蒜洗净，切碎后备用。

3 锅中放入花生油，煸香葱花、蒜末，加入水和调料后调味，勾入水淀粉，下入白萝卜丁、胡萝卜丁翻炒，出锅撒上青蒜碎即可。

温馨提示

制作此菜时，白糖和醋同时放入，熬一会儿，味道更佳。

营养分析

白萝卜含有丰富的芥子油、维生素A、维生素C、钙、铁、磷等，有促进肠胃蠕动、增强食欲、助消化、止咳化痰、清热解毒的功效。

加餐

橘子
（65克）

奶酪
（20克）

冰糖菊花水
（冰糖3克，菊花2克）

星期三午餐

粉蒸排骨

- ■ 主料：猪排骨 60 克
- ■ 配料：糯米 15 克
- ■ 调料：甜面酱 3 克，盐 1.5 克，料酒、生抽、葱段、姜片、蒜片适量
- ■ 做法：

1 猪排骨洗净，用调料和葱段、姜片、蒜片提前一天腌制好备用。

2 糯米提前一天泡好备用。

3 把腌好的猪排骨裹上泡好的糯米，摆在平盘上，入蒸锅，足气蒸 2 小时即可。

温馨提示
糯米使用前，一定要长时间浸泡，以方便蒸熟。

营养分析
糯米含有丰富的蛋白质、脂肪、B 族维生素、碳水化合物、钙、磷、铁等，有补中益气、健脾养胃、止虚汗、补充体力的功效。

番茄豌豆汤

- ■ 主料：番茄 20 克
- ■ 配料：鸡蛋 10 克，豌豆 8 克
- ■ 调料：盐 1.5 克，水淀粉、香油适量
- ■ 做法：

1 番茄洗净，切碎备用。

2 豌豆洗净；鸡蛋打散备用。

3 锅中放入适量的水，烧开后，放入豌豆和盐调味，勾入水淀粉，洒入鸡蛋液，出锅前淋入香油即可。

温馨提示
豌豆在煮制时，时间不宜过长，以免影响色泽。

营养分析
豌豆含有丰富的碳水化合物、叶酸、膳食纤维、胡萝卜素、维生素 C、维生素 E、钙、铁、镁等，有通便、养阴止渴、防癌、抗癌的作用。

翡翠米饭

主料：大米 45 克

配料：芹菜 5 克，香肠 5 克，胡萝卜 5 克

调料：花生油 2 克，盐 1 克，葱末适量

做法：

1 大米洗净，放入容器内，蒸熟后备用。

2 芹菜洗净，切末；香肠切成半圆形的片；胡萝卜洗净，去皮，切碎备用。

3 锅中放入花生油，煸炒葱末，放入芹菜末、香肠片和胡萝卜碎翻炒，再放入盐调味，最后放入米饭翻炒均匀即可。

温馨提示

用于炒饭的米饭，在蒸制时要略微硬一些，口感更佳。

营养分析

芹菜含有丰富的碳水化合物、B 族维生素、维生素 C、维生素 E 等，有促进食欲、降血压、解毒消肿、促进血液循环的功效。

爆炒双花

主料：菜花 35 克，西蓝花 25 克

调料：花生油 2 克，盐 1 克，白糖、葱花、蒜末适量

做法：

1 西蓝花和菜花洗净，掰成小朵儿，焯水备用。

2 锅中放入花生油，煸香葱花、蒜末，放入两种菜花和调料一起翻炒、调味，炒熟后出锅即可。

温馨提示

西蓝花焯水时，时间不宜过长，以免影响色泽。

营养分析

西蓝花含有丰富的膳食纤维、多种维生素、钙、磷、铁、钾、锌等，有治疗耳鸣、健忘、发育迟缓、防癌、抗癌的功效。

午点

泡芙球

▦ 主料：低筋面粉 10 克，牛奶 8 克，黄油 8 克，鸡蛋 5 克，小麦胚粉 3 克

▦ 配料：糖粉 5 克，砂糖 3 克，盐适量

▦ 做法：

1 将所有的原料混合，用 80℃ 左右的水烫成面糊备用。

2 将面糊搅拌至冷却后，放入挤花袋中。

3 把面糊均匀地挤到烤盘中，上烤箱。

4 烤箱上火 180℃、底火 180℃，烤制 30 分钟即可。

圣女果

（100 克）

牛奶

（200 克）

冰糖罗汉水

（冰糖 3 克，罗汉果 2 克）

星期三 晚餐

番茄意大利通心粉

- 主料：通心粉 50 克
- 配料：洋葱 10 克，火腿 7 克
- 调料：番茄酱 5 克，番茄沙司 5 克，花生油 2 克，盐 2 克
- 做法：

1 锅内水沸后，将通心粉下入锅中，煮 7 分钟后捞出，冲凉后备用。

2 洋葱洗净，切末；火腿切碎备用。

3 锅中放入花生油，煸炒洋葱末、火腿末，再放入番茄酱和番茄沙司，煸炒出红油。

4 最后放入盐和煮好的通心粉，搅拌均匀后即可。

温馨提示

通心粉煮 7 ~ 8 分钟为宜，过凉后，用少量油拌匀后再用，口感更佳。

营养分析

洋葱含有丰富的蛋白质、B 族维生素、胡萝卜素、钾、钙、镁等，有促进胆汁分泌、消除身心疲劳的功效。

时蔬菌菇汤

- 主料：油菜 10 克，香菇 5 克，金针菇 5 克
- 配料：鸡蛋 10 克，胡萝卜 5 克
- 调料：盐 1.5 克，水淀粉、香油适量
- 做法：

1 油菜、香菇、金针菇洗净，切碎备用。

2 胡萝卜洗净，去皮，切小片；鸡蛋打散备用。

3 锅里放入适量的水，烧开后，放入胡萝卜片、香菇碎、金针菇碎，煮至成熟后，再放入油菜叶碎和盐调味，勾入适量水淀粉，洒入鸡蛋液，淋上香油即可。

温馨提示

可以采用不同种类的菌菇制作此汤。

营养分析

金针菇含有丰富的蛋白质、碳水化合物、维生素 D、锌、钾等，有促进新陈代谢、清除体内重金属、抗癌的功效。

 星期四 **早餐**

橙汁蛋糕

■ 主料：鸡蛋 50 克，面粉 10 克

■ 配料：白糖 5 克，鲜橙汁 5 克

■ 做法：

1 将鸡蛋磕开倒入打蛋器内，搅打约 20 分钟后，放入面粉、白糖、鲜橙汁，调成蛋糕液后备用。

2 把蛋糕液倒入烤盘中，上烤箱烤制。

3 烤箱上火 180℃、底火 210℃，烤 20 分钟即可。

温馨提示

如果在应时季节，可放一些鲜橙皮碎，口感更佳。

营养分析

橙子含有丰富的维生素 A、维生素 C、蛋白质、柠檬酸、钙、磷、钾等，有降低毛细血管脆性、防止微血管出血的作用。

果仁菠菜

主料：菠菜 20 克

配料：腰果 5 克

调料：花生油 2 克，盐 1 克，白糖 0.3 克，香油、蒜末适量

做法：

1 腰果用温油炸至金黄色；菠菜洗净，沸水焯烫，过凉后，切小段备用。

2 锅中放入花生油，煸炒蒜末后，下入菠菜段翻炒，再放入腰果和调料，翻炒均匀，出锅前淋入香油即可。

温馨提示

腰果炸制时，要微火、慢炸。

营养分析

菠菜含有丰富的维生素 C、胡萝卜素、蛋白质、铁、钙、磷等，有补血止血、利五脏、通血脉、止渴润肠的功效。

红薯燕麦枣粥

主料：大米 12 克

配料：红薯 5 克，燕麦片 5 克，小枣（去核）5 克

做法：

1 红薯洗净，去皮，切成碎；小枣洗净备用。

2 大米洗净，与燕麦片一同放入开水锅中，煮 30 分钟后，放入红薯碎，再煮 40 分钟左右，放入小枣，煮开即可。

温馨提示

小枣可以切碎使用，方便年龄较小的幼儿食用。

营养分析

小枣含有丰富的蛋白质、脂肪、钙、磷、铁等，有降低胆固醇、预防骨质疏松、防止贫血、补钙、补血的功效。

加餐

 桂圆
（65 克）

 酸奶
（100 克）

 冰糖荸荠水
（荸荠 15 克，冰糖 3 克）

星期四 午餐

番茄笋鸡片

▥ 主料：鸡胸肉 30 克
▥ 配料：冬笋 20 克
▥ 调料：番茄酱 7 克，花生油 2 克，白糖 2 克，盐 1 克，水淀粉、醋、葱花、蒜末适量
▥ 做法：

1 鸡胸肉切片，上浆，用二成热的油滑熟备用。
2 冬笋切小片，焯水备用。
3 锅中放入花生油，煸炒番茄酱，加葱花、蒜末、调料和少量的水调味，勾入水淀粉，下入备好的原料，翻炒均匀即可。

温馨提示
笋片切好后用冷水浸泡，去除酸味，口感更佳。

营养分析
鸡肉含有丰富的蛋白质、脂肪、钙、铁、钾、多种维生素等，有温补脾胃、益气养血、补虚损、强筋骨的功效。

主料：香菇 30 克

配料：玉米粒 10 克，豌豆 10 克，胡萝卜 10 克

调料：花生油 2 克，盐 1.5 克，老抽 0.5 克，白糖 0.5 克，葱花、姜末、蒜末适量

做法：

1 香菇洗净，切片；胡萝卜洗净，去皮，切小片；豌豆、玉米粒焯水备用。

2 锅中放入花生油，煸香葱花、姜末、蒜末，下入香菇片煸炒，再放入玉米粒、豌豆、胡萝卜片和调料调味，翻炒均匀即可。

温馨提示

此菜中的配料可按季节时令搭配。

营养分析

香菇含有丰富的蛋白质、碳水化合物、膳食纤维、B 族维生素、维生素 D、铁、钾、钙、碘、镁等，有降压降脂、防癌抗癌、提高免疫力的功效。

香菇素什锦

豆苗鲜贝蛋花汤

主料：豆苗 15 克

配料：鲜贝 10 克，鸡蛋 10 克

调料：盐 1.5 克，水淀粉、香油适量

做法：

1 鲜贝洗净，焯水后备用。

2 豆苗洗净，切碎；鸡蛋打散备用。

3 锅中放入适量的水，烧开后放入豆苗、鲜贝、盐调味，勾入水淀粉，洒入鸡蛋液，出锅前淋入香油即可。

温馨提示

豆苗和鲜贝在煮制时，时间不宜过长。

营养分析

鲜贝含有丰富的蛋白质、脂肪、维生素 A、钙、铁、硒、锌等，有滋阴明目、降低胆固醇、补血利尿的功效。

主料：大米 50 克

配料：香肠 7 克

做法：

1 香肠上蒸锅，蒸 20 分钟至成熟后备用。

2 把蒸好的香肠切成片备用。

3 将大米洗净，放入容器中，加上水。

4 上锅蒸 40 分钟成熟。

5 把香肠片均匀地撒在米饭上，铺满表面即可。

温馨提示

香肠选用肥肉多一些的，也可以选用腊肠。

营养分析

香肠含有丰富的蛋白质、脂肪、钾、磷等，有生津开胃的作用。

香肠米饭

午点

眉毛酥

主料：面粉 10 克，鸡蛋 10 克

配料：黄油 5 克，豆沙馅 5 克

做法：

1 黄油化开，与面粉、鸡蛋和成黄油鸡蛋面备用。

2 把面团揪成若干个小剂子，擀成面皮，包入豆沙馅，捏上花边，放入烤盘。

3 烤盘上烤箱，上火 180℃、底火 200℃，烤制 25 分钟即可。

柚子

（100 克）

牛奶

（200 克）

冰糖胡萝卜水

（胡萝卜 15 克，冰糖 3 克）

星期四 晚餐

水果碗糕

主料：面粉 30 克，鸡蛋 10 克

配料：菠萝 2 克，奇异果 2 克，草莓 2 克，梨 2 克，酵母适量

做法：

1 将面粉、鸡蛋、酵母混合在一起，和成鸡蛋发面团备用。

2 所有水果洗净，取果肉，斩碎后备用。

3 将鸡蛋发面团揪成若干个小剂子，分别蘸上水果碎，摆在纸碗托上，上锅蒸 20 分钟即可。

温馨提示

此点中的水果可选用时令水果，也可以用果脯代替。用果脯制作时，可将果脯碎沾上少许水，使它更容易附着在面胚上。

营养分析

此点含有丰富的蛋白质、碳水化合物、多种维生素、铁、磷、钾、镁等，有除烦、止血、利尿的功效。

玉米面酥饼

主料：玉米面 20 克，面粉 5 克，小麦胚粉 3 克

配料：白糖 3 克，鸡蛋 2 克，花生油 2 克，泡打粉、小苏打适量

做法：

1 玉米面、泡打粉和小苏打过筛后备用。

2 把所有的原料一起加入水，和成面团。

3 将面团揪成若干个小剂子，揉成小球，压扁后，放入烤盘，上烤箱，上火 180℃、底火 180℃，烤 20 分钟即可。

温馨提示

和面团时，加水要适度，过多成品不成型，过少成品会硬，口感不佳。

营养分析

玉米面含有丰富的蛋白质、碳水化合物、胡萝卜素、磷、钾等，有助消化、增强人体新陈代谢的作用。

四彩鱼滑汤

- 主料：草鱼15克
- 配料：香菇5克，胡萝卜5克，豌豆5克
- 调料：盐1.5克，水淀粉、胡椒粉、香油适量
- 做法：

1 草鱼洗净，去内脏、去鳃、去骨，取肉，斩成泥，放入盐、胡椒粉，调成鱼泥备用。

2 豌豆洗净；胡萝卜洗净，去皮，切末；香菇洗净，切末备用。

3 锅中放入适量的水，烧开后，放入香菇末、胡萝卜末、豌豆和调料调味，最后将鱼泥丸汆入锅中，勾入水淀粉，出锅前淋入香油即可。

温馨提示

大批量制作时，可用漏勺将鱼泥漏入汤锅中，更适合幼儿食用。

营养分析

草鱼含有丰富的B族维生素、磷、钙、铁等，有补中利尿、平肝祛风、促进心肌和骨骼生长的功效。

里脊豆腐

主料：北豆腐 35 克

配料：猪里脊 15 克，香葱 2 克，红柿子椒 1 克

调料：花生油 2 克，盐 2 克，酱油 1 克，白糖 0.5 克，水淀粉、香油、料酒、葱末、姜末、蒜末适量

做法：

1. 北豆腐切丁；猪里脊洗净，切末；红柿子椒、香葱洗净，切碎备用。

2. 锅中放入花生油，煸炒葱、姜、蒜末、猪里脊末，烹入料酒、酱油，变色后放入豆腐和适量的水。

3. 待开锅后，放入红柿子椒碎和调料调味，最后勾入水淀粉，撒上香葱末，淋上香油即可。

温馨提示

切好的豆腐可用盐水浸泡后再用，以保持豆腐在炒制时的状态，菜品更美观。

营养分析

猪里脊含有丰富的蛋白质、脂肪、钙、铁、磷等，有降低胆固醇、抗氧化、强体的功效。

洋葱炒二西

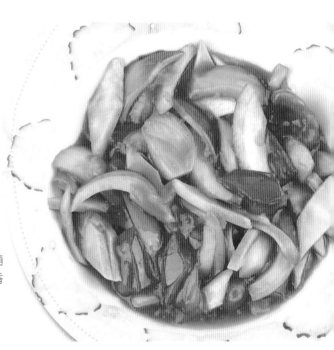

主料：洋葱 20 克

配料：西葫芦 20 克，番茄 15 克

调料：花生油 2 克，盐 1 克，白糖 0.5 克，水淀粉、香油适量

做法：

1. 洋葱去皮，洗净，切片备用。

2. 番茄、西葫芦一同洗净，切片备用。

3. 锅中放入花生油，煸炒洋葱出香味后，再放入番茄片、西葫芦片，加入调料调味，翻炒均匀，最后勾入水淀粉，淋入香油即可。

温馨提示

洋葱先下锅，多煸炒一段时间后，再放入配料。

营养分析

洋葱含有丰富的维生素 C、铁、磷、硒等，有发散风寒、安神、防癌、抗癌的功效。

星期五 早餐

鸡蛋素菜卷

- 主料：鸡蛋 35 克
- 配料：绿豆芽 5 克，粉丝 5 克，韭菜 2 克，海带丝 1 克
- 调料：花生油 2 克，盐 1 克

做法：

1. 鸡蛋打散，用平底锅摊成蛋皮；海带丝洗净，焯水备用。

2. 绿豆芽洗净，焯水；韭菜洗净，切成 3 厘米长的段；粉丝凉水浸泡后，切成 3 厘米长的段备用。

3. 锅中放入花生油，煸炒绿豆芽、韭菜段、粉丝段，放入盐调味，翻炒均匀制成馅料备用。

4. 将蛋皮切掉边缘，改成正方形，十字刀切成 4 片，包裹馅料，用海带丝捆好即可食用。

温馨提示

摊蛋皮时，不宜过薄，否则会影响成菜美观。

营养分析

鸡蛋含有丰富的蛋白质、B 族维生素、钙、镁、锌等，有补气血、提高智力的功效。

五香鸡肝

主料：鸡肝 25 克

配料：盐 2 克，料酒、大料、花椒、葱段、姜段、蒜瓣适量

做法：

1 鸡肝洗净，用凉水浸泡 2 个小时，去除血水备用。

2 冷水下入鸡肝，大火开锅后，撇去浮沫，改小火，放入调料，煮至成熟，关火浸泡 30 分钟。

3 出锅后切片即可。

温馨提示

鸡肝先要用冷水浸泡，去除血水；清洗时，注意去除苦胆，不要把苦胆弄破。

营养分析

鸡肝含有丰富的蛋白质、多种维生素、锌、铁等，有补肝明目、养血、保护视力的功效。

牛奶
（200 克）

菊花泥肠

主料：泥肠 15 克

配料：番茄沙司 5 克，花生油 2 克

做法：

1 泥肠切 5 厘米长的小段，一头打上十字花刀备用。

2 锅中放入花生油，油温烧至六成热，下入泥肠，炸至泥肠裂开，颜色呈金黄色，捞出，控油，配上番茄沙司即可。

温馨提示

油温不宜过高或过低，炸制时间不宜过长。打十字花刀时，注意刀口要均匀。

营养分析

泥肠含有丰富的蛋白质、脂肪、钙、铁、钾等，有温补脾胃、益气养血的功效。

加餐

 橙子
（65 克）

 冰糖红豆水
（红豆 7 克，冰糖 3 克）

 琥珀桃仁
（核桃仁 10 克，白糖 3 克）

星期五 午餐

麒麟鲆鱼

▨ 主料：鲆鱼 65 克

▨ 配料：冬笋 5 克，干香菇 5 克，火腿 5 克

▨ 调料：盐 1 克，料酒、胡椒粉、葱丝、姜丝、蒜片适量

▨ 做法：

1 鲆鱼去内脏、去鳃，洗净，剞上一字刀备用。

2 干香菇水发后切片，冬笋洗净后切片，火腿切片，把切好的片分别放入鲆鱼一字刀中。

3 将葱丝、姜丝、蒜片放入鲆鱼腹中。

4 把鲆鱼摆入盘中，撒上调料，上蒸锅，蒸 20 分钟即可。

温馨提示

鲆鱼表面开花刀，刀口要深一些，这样更容易把馅料放入鱼肚中，蒸的时候也可以缩短时间。为了装盘美观，可切一些葱丝、红柿子椒丝、香菜丝作为点缀。

营养分析

鲆鱼含有丰富的高蛋白、维生素 A、维生素 E、钙、铁、硒等，有益气养血、柔筋利骨、降低胆固醇的功效。

主料：大米 50 克

配料：鹌鹑蛋 10 克

做法：

1 大米洗净，放入容器中，加上水。

2 上锅蒸 40 分钟，成熟后备用。

3 将蒸好的米饭取出，中间用圆勺向下按出 3 个坑儿，打入鹌鹑蛋。

4 继续上锅蒸 20 分钟，成熟后即可

温馨提示

米饭成熟后，用勺向下压个窝儿，再将鹌鹑蛋打入，以免蛋液外流。

营养分析

鹌鹑蛋含有丰富的蛋白质、维生素 A、维生素 B$_1$、维生素 B$_2$、钙、磷、铁等，有消肿、补气、消结热的功效。

星星米饭

蒜瓣彩椒炒双丁

主料：白萝卜 25 克，豆腐干 15 克

配料：蒜瓣 5 克，红、黄柿子椒各 5 克

调料：花生油 2 克，盐 1.5 克，白糖 0.5 克，香油、葱末、姜末适量

做法：

1 白萝卜洗净，去皮，切丁；豆腐干切丁备用。

2 红、黄柿子椒洗净，切小片备用。

3 锅中放入花生油，煸炒葱、姜末出香味后，再放入白萝卜丁、豆腐干丁、蒜瓣、红、黄柿子椒片，炒透后，放入调料，翻炒均匀，最后淋入香油即可。

温馨提示

蒜瓣用低油温炸熟，效果更佳。

营养分析

大蒜含有丰富的 B 族维生素、磷、钙、铁等，有助消化、杀菌消毒、提高免疫力、防癌的功效。

主料：菠菜 20 克

配料：竹笋 10 克，香菇 7 克，小葱 2 克

调料：盐 1.5 克，香油适量

做法：

1 菠菜洗净，焯水，切碎；小葱洗净，切碎备用。

2 竹笋洗净，切丝；香菇洗净，切小片备用。

3 锅中放入适量的水，烧开后放入竹笋丝、香菇片和调料调味，煮 15 分钟后，放入小葱碎和菠菜碎，出锅前淋入香油即可。

温馨提示

可炸出一些葱油，出锅时淋入，效果更佳。

营养分析

竹笋含有丰富的 B 族维生素、胡萝卜素、钙、磷、钾等，有清热化痰、解毒养肝的功效。

碧绿香菇竹笋汤

午点

艺境南瓜

▦ 主料：澄面 15 克

▦ 配料：吉士粉 1 克，绿茶粉 1 克，可可粉 1 克

▦ 做法：

1 水烧开后，倒入澄面中，将面团和匀，凉透备用。

2 将和好的面团按 3：1：1 的比例分份，分别加入吉士粉、绿茶粉和可可粉，再分别和匀。

3 将吉士粉和成的黄色面团做成南瓜外形。

4 将绿茶粉和成的绿色面团做成叶子外形。

5 将可可粉和成的棕色面团做成南瓜蒂外形。

6 将南瓜放好，上面粘好叶子，轻轻按实；再在上面放上南瓜蒂，轻轻按实。

7 上蒸锅蒸 5 ~ 10 分钟，至成熟即可。

 冬枣
（80 克）

 酸奶
（100 克）

 冰糖苹果水
（苹果 15 克，冰糖 3 克）

晚餐

西湖牛肉羹

▦ 主料：牛肉馅 6 克

▦ 配料：番茄 10 克，鸡蛋 10 克，豆腐 10 克

▦ 调料：盐 1 克，水淀粉、香油适量

▦ 做法：

1 番茄切成碎，牛肉馅温水滑开备用。

2 豆腐切成小丁；鸡蛋打散备用。

3 锅中放入适量的水，烧开后放入番茄碎、牛肉末、豆腐碎调味，勾入水淀粉，洒入鸡蛋液，出锅前淋入香油即可。

温馨提示

牛肉末先用温水滑开后，再使用，以免结成块。

营养分析

牛肉含有丰富的蛋白质、脂肪、维生素 A、B 族维生素、锌、钙、铁等，有滋养脾胃、益气血、强筋骨、补益腰腿的功效。

意大利炒饭

- 主料：大米 45 克
- 配料：芹菜 20 克，香肠 15 克，鸡蛋 15 克，胡萝卜 10 克
- 调料：番茄酱 5 克，花生油 4 克，盐 2 克，白糖适量

做法：

1 大米洗净，放入容器中，上蒸锅蒸熟后备用。

2 胡萝卜、芹菜洗净，切片；香肠切片；鸡蛋打散，炒熟后备用。

3 锅中放入花生油，煸炒番茄酱出红油，放入胡萝卜片、芹菜片、香肠片炒熟后，放入鸡蛋、米饭、盐、白糖，翻炒均匀即可。

温馨提示
番茄酱要用适中油温煸出红油，成品色泽更佳。

营养分析
香肠含有丰富的蛋白质、脂肪、碳水化合物、钾、磷等，有生津开胃的功效。

冬季一周带量食谱

	星期一		星期二		
	食谱/页码	带量/人	食谱/页码	带量/人	食谱/页码
早餐	小猪糖包 / 124	面粉 25 克，小麦胚粉 3 克，红糖 3 克，可可粉 1 克	蛋黄甘露酥 / 130	面粉 20 克，黄油 10 克，鸡蛋 10 克，白糖 3 克，奶粉 2 克	菜肉小馄饨 / 138
	煮鸡蛋 / 124	鸡蛋 40 克	炒三丁 / 131	胡萝卜 15 克，土豆 10 克，青豆 5 克，盐 1.5 克，花生油 1 克，白糖 0.5 克	老婆饼 / 139
	虾条炒小白菜 / 125	小白菜 20 克，虾条豆制品 8 克，红柿子椒 1 克，花生油 1 克，盐 1 克，白糖 0.3 克	香菇肉松粥 / 131	大米 15 克，香菇 2 克，猪肉松 2 克，盐 1 克	糖醋萝卜丁 / 139
	小枣薏米粥 / 125	大米 10 克，薏米 5 克，小枣（去核）5 克，冰糖 3 克			
加餐	香蕉 / 125	香蕉 65 克	火龙果 / 131	火龙果 65 克	橘子 / 139
	酸奶 / 125	酸奶 100 克	酸奶 / 131	酸奶 100 克	奶酪 / 139
	冰糖菜根水 / 125	芹菜 5 克，白萝卜 5 克，胡萝卜 5 克，冰糖 3 克	冰糖萝卜水 / 131	萝卜 10 克，冰糖 2 克	冰糖菊花水 / 139
午餐	南瓜子米饭 / 126	大米 50 克，南瓜子 10 克	地鲜焖羊肉 / 132	羊肉 50 克，土豆 15 克，胡萝卜 15 克，生抽 1 克，盐 1 克，白糖 0.3 克	粉蒸排骨 / 140
	松仁玉米 / 126	玉米粒 50 克，胡萝卜 20 克，松子仁 5 克，花生油 2 克，盐 1.5 克，白糖 0.5 克	菠萝米饭 / 132	大米 50 克，菠萝 10 克	番茄豌豆汤 / 140
	羊肉莲藕汤 / 127	羊肉 70 克，莲藕 15 克，枸杞 2 克，香菜 1 克，盐 1 克	虾仁油菜炒魔芋 / 133	油菜 40 克，虾仁 25 克，魔芋 10 克，花生油 2 克，盐 1 克，白糖 0.3 克	翡翠米饭 / 141
	毛氏红烧肉 / 127	五花肉 30 克，香菇 30 克，花生油 1 克，老抽 1 克，盐 1 克，白糖 0.5 克	什锦冬瓜汤 / 133	冬瓜 30 克，香菇 5 克，虾皮 2 克，香菜 1 克，盐 1.5 克	爆炒双花 / 141
午点	九层糕 / 128	牛奶 15 克，可可粉 5 克，荸荠粉 5 克，白糖 5 克	山楂方 / 134	面粉 10 克，黄油 5 克，山楂糕 6 克，蛋黄液 1 克	泡芙球 / 142
	梨 / 128	梨 100 克	苹果 / 134	苹果 100 克	
	牛奶 / 128	牛奶 200 克	牛奶 / 134	牛奶 200 克	圣女果 / 142
	冰糖山楂水 / 128	冰糖 3 克，山楂干 2 克	冰糖梨水 / 134	梨 10 克，冰糖 3 克	牛奶 / 142
					冰糖罗汉水 / 142
晚餐	牛肉蔬菜面 / 129	面条 75 克，牛肉 20 克，小水萝卜 10 克，鸡蛋 2 克，香菜 2 克，柿子椒 1 克，盐 2 克，酱油 1 克	蛋黄南瓜眼 / 135	南瓜 35 克，鸡蛋 10 克，花生油 4 克，盐 1.5 克，白糖 0.3 克	番茄意大利通心粉 / 143
	面汤 / 129	面粉 0.5 克	冰花蝴蝶酥 / 136	面粉 20 克，黄油 10 克，牛奶 5 克，砂糖 2 克	时蔬菌菇汤 / 143
			黄金小豆卷 / 136	面粉 30 克，小麦胚粉 3 克，红豆 7 克，玉米面 5 克，红糖 2 克	
			四喜丸子 / 137	猪肉馅 35 克，香葱 2 克，花生油 4 克	
			紫米粥 / 137	大米 10 克，紫米 5 克，冰糖 3 克	

日人均总带量								
谷类及糕点	223.50	奶制品	18.00	谷类及糕点	168.00	奶制品	27.00	谷类及糕点	166.00
豆类及豆制品	8.00	蛋类	42.00	豆类及豆制品	12.00	蛋类	22.00	豆类及豆制品	18.00
蔬菜类	84.00	糖类	14.00	蔬菜类	173.00	糖类	13.00	蔬菜类	238.00
水果类	167.00	肝类	0.00	水果类	196.00	肝类	0.00	水果类	65.00
肉类及肉制品	59.00	鱼虾类	0.00	肉类及肉制品	85.00	鱼虾类	27.00	肉类及肉制品	82.00
油脂类	4.00	菌藻类	22.00	油脂类	9.00	菌藻类	5.00	油脂类	9.00
鲜奶酸奶	318.00	豆浆豆奶	0.00	鲜奶酸奶	305.00	豆浆豆奶	0.00	鲜奶酸奶	208.00

星期三		星期四		星期五
带量／人	食谱／页码	带量／人	食谱／页码	带量／人
馄饨皮 10 克，猪肉馅 10 克，韭菜 1 克，虾皮 1 克，紫菜 1 克，香菜 1 克，盐 1 克 面粉 30 克，黄油 5 克，小麦胚粉 3 克，枣泥馅 10 克，鸡蛋液 2 克，黑芝麻 1 克 白萝卜 15 克，胡萝卜 5 克，青蒜 1 克，白糖 3 克，花生油 2 克，醋 2 克，盐 1 克	橙汁蛋糕 ／ 144 果仁菠菜 ／ 145 红薯燕麦枣粥 ／ 145	鸡蛋 50 克，面粉 10 克，白糖 5 克，鲜橙汁 5 克 菠菜 20 克，腰果 5 克，花生油 2 克，盐 1 克，白糖 0.3 克 大米 12 克，红薯 5 克，燕麦片 5 克，小枣（去核）5 克	鸡蛋素菜卷 ／ 152 五香鸡肝 ／ 153 牛奶 ／ 153 菊花泥肠 ／ 153	鸡蛋 35 克，绿豆芽 5 克，粉丝 5 克，韭菜 2 克，海带丝 1 克，花生油 2 克，盐 1 克 鸡肝 25 克，盐 2 克 牛奶 200 克 泥肠 15 克，番茄沙司 5 克，花生油 2 克
橘子 65 克 奶酪 20 克 冰糖 3 克，菊花 2 克	桂圆 ／ 145 酸奶 ／ 145 冰糖荸荠水 ／ 145	桂圆 65 克 酸奶 100 克 荸荠 15 克，冰糖 3 克	橙子 ／ 153 冰糖红豆水 ／ 153 琥珀桃仁 ／ 153	橙子 65 克 红豆 7 克，冰糖 3 克 核桃仁 10 克，白糖 3 克
猪排骨 60 克，糯米 15 克，甜面酱 3 克，盐 1.5 克 番茄 20 克，鸡蛋 10 克，豌豆 8 克，盐 1.5 克 大米 45 克，芹菜 5 克，香肠 5 克，胡萝卜 5 克，花生油 2 克，盐 1 克 菜花 35 克，西蓝花 25 克，花生油 2 克，盐 1 克	番茄笋鸡片 ／ 146 香菇素什锦 ／ 147 豆苗鲜贝蛋花汤 ／ 147 香肠米饭 ／ 147	鸡胸肉 30 克，冬笋 20 克，番茄酱 7 克，花生油 2 克，白糖 2 克，盐 1 克 香菇 30 克，玉米粒 10 克，豌豆 10 克，胡萝卜 10 克，花生油 2 克，盐 1.5 克，老抽 0.5 克，白糖 0.5 克 豆苗 15 克，鲜贝 10 克，鸡蛋 10 克，盐 1.5 克 大米 50 克，香肠 7 克	麒麟鲜鱼 ／ 154 星星米饭 ／ 155 蒜瓣彩椒炒双丁 ／ 155 碧绿香菇竹笋汤 ／ 155	鲜鱼 65 克，冬笋 5 克，干香菇 5 克，火腿 5 克，盐 1 克 大米 50 克，鹌鹑蛋 10 克 白萝卜 25 克，豆腐干 15 克，蒜瓣 5 克，红、黄柿子椒各 5 克，花生油 2 克，盐 1.5 克，白糖 0.5 克 菠菜 20 克，竹笋 10 克，香菇 7 克，小葱 2 克，盐 1.5 克
低筋面粉 10 克，牛奶 8 克，黄油 8 克，鸡蛋 5 克，小麦胚粉 3 克，糖粉 5 克，砂糖 3 克 圣女果 100 克 牛奶 200 克 冰糖 3 克，罗汉果 2 克	眉毛酥 ／ 148 柚子 ／ 148 牛奶 ／ 148 冰糖胡萝卜水 ／ 148	面粉 10 克，鸡蛋 10 克，黄油 5 克，豆沙馅 5 克 柚子 100 克 牛奶 200 克 胡萝卜 15 克，冰糖 3 克	艺境南瓜 ／ 156 冬枣 ／ 156 酸奶 ／ 156 冰糖苹果水 ／ 156	澄面 15 克，吉士粉 1 克，绿茶粉 1 克，可可粉 1 克 冬枣 80 克 酸奶 100 克 苹果 15 克，冰糖 3 克
通心粉 50 克，洋葱 10 克，火腿 7 克，番茄酱 5 克，番茄沙司 5 克，花生油 2 克，盐 2 克 油菜 10 克，香菇 5 克，金针菇 5 克，鸡蛋 10 克，胡萝卜 5 克，盐 1.5 克	水果碗糕 ／ 149 玉米面酥饼 ／ 149 四彩鱼滑汤 ／ 150 里脊豆腐 ／ 151 洋葱炒二西 ／ 151	面粉 30 克，鸡蛋 10 克，菠萝 2 克，奇异果 2 克，草莓 2 克，梨 2 克 玉米面 20 克，面粉 5 克，小麦胚粉 3 克，白糖 3 克，鸡蛋 2 克，花生油 2 克 草鱼 15 克，香菇 5 克，胡萝卜 5 克，豌豆 5 克，盐 1.5 克 北豆腐 35 克，猪里脊 15 克，香葱 2 克，红柿子椒 1 克，花生油 2 克，盐 2 克，酱油 1 克，白糖 0.5 克 洋葱 20 克，西葫芦 20 克，番茄 15 克，花生油 2 克，盐 1 克，白糖 0.5 克	西湖牛肉羹 ／ 156 意大利炒饭 ／ 157	牛肉馅 6 克，番茄 10 克，鸡蛋 10 克，豆腐 10 克，盐 1 克 大米 45 克，芹菜 20 克，香肠 15 克，鸡蛋 15 克，胡萝卜 10 克，番茄酱 5 克，花生油 4 克，盐 2 克
奶制品	33.00	谷类及糕点	155.00	奶制品	5.00
蛋类	27.00	豆类及豆制品	57.00	蛋类	82.00
糖类	9.00	蔬菜类	163.00	糖类	17.00
肝类	0.00	水果类	178.00	肝类	0.00
鱼虾类	1.00	肉类及肉制品	52.00	鱼虾类	25.00
菌藻类	11.00	油脂类	12.00	菌藻类	35.00
豆浆豆奶	0.00	鲜奶酸奶	300.00	豆浆豆奶	0.00

谷类及糕点	110.00	奶制品	0.00
豆类及豆制品	32.00	蛋类	70.00
蔬菜类	124.00	糖类	9.00
水果类	160.00	肝类	25.00
肉类及肉制品	41.00	鱼虾类	65.00
油脂类	10.00	菌藻类	13.00
鲜奶酸奶	300.00	豆浆豆奶	0.00

一、平均每人每日进食量表

食物类别	数量（克）
细粮	141.50
杂粮	22.00
糕点	1.00
干豆类	7.00
豆制品	18.40
蔬菜总量	156.40
水果	153.20
乳类	16.60
鲜奶、酸奶	282.60
豆浆、豆奶	0.00

食物类别	数量（克）
蛋类	48.60
肉类	63.80
肝	5.00
鱼	23.60
糖	12.40
食油	8.80
调味品	5.40
菌藻类	17.20
干果	6.20

二、营养素摄入量表

[要求日托儿童每人每日各种营养素摄入量占 DRIs（平均参考摄入量）的 75% 以上，混合托占 80% 以上，全托占 90% 以上]

	热量		蛋白质	脂肪	视黄醇当量	维生素 B_1	维生素 B_2	维生素 C	钙	锌	铁
	（千卡）	（千焦）									
平均每人每日	1459.158	6105.117	54.454	36.074	1124.514	0.763	0.874	92.903	711.391	8.503	13.201
平均参考摄入量	1525.550	6382.901	52.810		594.100	0.690	0.690	69.410	788.210	11.820	12.000
比较 %	95.6	95.6	103.1		189.3	110.6	126.7	133.8	90.3	75.9	110.0

三、热量来源分布表

		脂肪		蛋白质	
		要求	现状	要求	现状
摄入量	（千卡）		526.377		217.817
	（千焦）		2202.360		911.345
占总热量 %		30～35	36.1	12～15	14.9

四、蛋白质来源分布表

		优质蛋白质	
	要求	动物性食物	豆类
摄入量（克）	–	28.310	3.674
占蛋白质总量 %	≥50%	52.0	6.7

五、配餐能量结构表

	标准	平均	星期一	星期二	星期三	星期四	星期五
早餐（%）	25～30	20.52	273.94/18.38	320.24/19.26	312.38/21.76	266.88/18.30	323.35/25.90
加餐（%）		7.31	124.17/8.33	104.89/6.31	106.36/7.41	114.12/7.83	84.01/6.73
午餐（%）	35～50	26.46	448.58/30.09	337.62/20.30	444.63/30.97	369.88/25.37	329.91/26.43
午点（%）		19.81	321.04/21.54	293.80/17.67	321.70/22.41	311.19/21.34	197.31/15.81
晚餐（%）	20～30	25.90	323.01/21.67	606.22/36.46	250.73/17.46	396.10/27.16	313.73/25.13
全天（千卡）			1490.76	1662.77	1435.79	1458.16	1248.30
全天（千焦）			6237.32	6957.05	6007.36	6100.95	5222.90